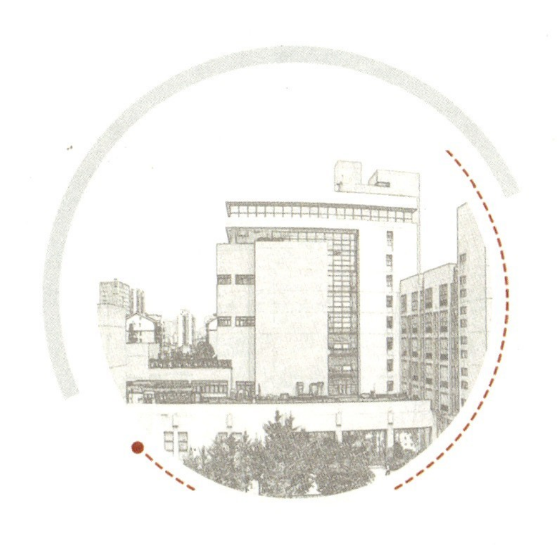

中国科学技术大学
生命科学六十年

熊卫民　主编

中国科学技术大学出版社

内容简介

2018年,中国科学技术大学迎来60周年校庆,作为建校伊始的13个系之一的生物物理系也走过了60个春秋,从生物物理系到物理系生物物理专业,到生物学系,再到生命科学学院,时至今日,生命科学学院业已成为拥有4个系、8个研究部、2个研究中心、5个研究平台的大型院系。一代又一代的中科大生命科学人,用自己的热血与奋斗谱写着光辉的篇章。本书共4章,即生物物理系时期、物理系生物物理专业时期、生物学系时期、生命科学学院时期,并包含12个附录,涵盖了中科大生命科学创立、发展的历程,保存了历史记忆,将为生命科学学院的发展提供历史借鉴。

图书在版编目(CIP)数据

中国科学技术大学生命科学六十年/熊卫民主编. —合肥:中国科学技术大学出版社,2018.9

ISBN 978-7-312-04557-8

Ⅰ.中… Ⅱ.熊… Ⅲ.中国科学技术大学—生命科学—学科发展—概况 Ⅳ.Q1-0

中国版本图书馆CIP数据核字(2018)第198751号

出版 中国科学技术大学出版社
安徽省合肥市金寨路96号,230026
http://press.ustc.edu.cn
https://zgkxjsdxcbs.tmall.com

印刷 合肥华苑印刷包装有限公司

发行 中国科学技术大学出版社

经销 全国新华书店

开本 787 mm×1092 mm 1/16

印张 16.5

字数 314千

版次 2018年9月第1版

印次 2018年9月第1次印刷

定价 195.80元

序

今年是中国科学技术大学(以下简称"中科大")建校60周年。60年前的1958年,为适应国家科学事业发展的需要,特别是适应国家对尖端科技人才的需要,中国科学院在北京创办了中国科学技术大学。这是一所新型大学,实行"全院办校、所系结合"的办学方针。生命科学学院的前身,作为创校伊始就建立的13个系之一的生物物理系也在1958年成立。60年来,从生物物理系到物理系生物物理专业,到生物学系,再到生命科学学院,从北京到合肥,中科大生命科学人始终贯彻"全院办校、所系结合"的办学方针,贯彻"红专并进、理实交融"的校训,牢记中科大建校时就确立的科教报国的历史使命,奋力拼搏,自强不息,努力攀登,追求卓越,不断创新。中科大生命科学风雨兼程、砥砺前行,数十年如一日,培养了一批又一批的优秀人才。进入21世纪后,中科大生命科学更是入选国家一流学科建设,人才队伍不断壮大,搭建了一流的科研教学平台,优秀科研成果不断涌现。这是几代中国科大生命科学人共同努力的结果。目前,中科大生命科学人生医同契,凝心聚力,在新的历史起点上扎根祖国大地,为建设世界生命科学领域的一流学院,实现我们的中国梦而继续奋斗!

为了对过去60年的经验进行总结,特别是希望通过对历史事件的追溯,回答什么是科大精神、科大文化,也为了促进中科大生命科学与医学未来获得更好的发展,我们组织编写了本书。由于时间跨度大,有些当事人已不在人世,或分散在世界各地,书中难免有所疏漏,不够周全,敬请批评指正。

施蕴渝

2018年7月

前　言

迄今为止，中国科学技术大学生命科学经历了 3 个 20 年，与国家的大局、中科大的发展始终息息相关。

最初的 20 年（1958—1977 年），是中科大生命科学作为生物物理专业而存在的 20 年，也是随学校经历大起大落的 20 年。1955 年年底，中央决定研制核武器。作为推进举措，1956 年国家召开了知识分子会议，号召人们“向科学进军”，并制定《1956—1967 年科学技术发展远景规划纲要》，把中国科学院（以下简称“中科院”）定位为国家科技事业的“火车头”。1958 年，国家要求进一步提高发展科学技术的速度。为了培养更多、更优秀的人才，在中央的支持下，中科院决定以北京各研究所的研究人员为主要师资，创办中科大。在中科院一大批优秀科学家的主持下，中科大在教学方面锐意革新，十分重视基础教育，强调科学与技术相结合、教学与研究相结合，吸引了众多优秀的学生，刚成立不久即获得了显赫的名声，也培养了众多优秀人才。之后中科大经历了“文化大革命”、南迁合肥，器材、教师队伍损失多半。在极其困难的情况下，南迁到合肥的中科大仍招收了几届工农兵学员。生物物理专业先是设在生物物理系中，后来设在物理系中。最初几年，生物物理专业把教学传统建立了起来，培养了一批基础扎实、后劲足、闯劲大的学生（后来当选为院士的有王大成、陈润生、王志珍、施蕴渝）；然后历经多次运动，南迁合肥，招收 1973 级、1975 级两届工农兵学员，在进行较为系统的教学和学习的过程中，年轻教师和工农兵学员均得到了锻炼，在年轻老师和工农兵学员中各出了一位中科院院士（陈霖和饶子和）。

随后的 20 年（1978—1997 年），是中科大生命科学作为生物学系而存在的 20 年，她与学校共同经历了 20 世纪 80 年代的辉煌和 90 年代的落寞。1978 年，中央决定实施改革开放，召开全国科学大会，重新号召大家“向科学技术进军”，开始了新的征程。在这个新的征程中，中科大成了教育改革的先头兵，通过办少年班、办“00班”、办研究生院、允许学生自由转专业转系、允许学生“自费”留学、实行学分制、实行“4＋2＋3”贯通培养、大量派遣教师出国进修等方式，中科大取得了优异的教学成绩（譬如中科大学生在CUSPEA[①]、CUSBEA[②]等出国留学考试中大放异彩），成了全国青少年所向往的“向科学技术进军”的典范。作为新独立的系，生物学系本来相对比较薄弱，但在“生物学是新的带头学科”“21世纪是生物学的世纪”这类流行话语的影响下，很多十分优秀的学生被吸引过来，其中包括多位少年班学员、省高考状元等。他们相互竞争，以解题为乐，获得了良好的教育，在CUSBEA等出国留学考试中取得优异的成绩，绝大部分有出国留学经历，在海外成为教授、院士的不在少数。作为优秀学生的师长，以前基本没有研究经验的年轻教师也竭力提高自己的教学和科研水平。在中科院和中科大的支持下，他们纷纷获得了出国进修或攻读更高学位的机会，不但知识体系得到更新，研究能力也大幅提升。回国之后，他们脚踏实地地开展研究，虽然囿于资金的匮乏和设备的落后，未能充分地施展出自己的研究才华，但他们还是把研究传统建立了起来，其中，施蕴渝和徐洵主要因为在这一时段所取得的研究成果而先后当选为中科院院士。

最近的20年（1998年以来），是作为生命科学学院而存在的20年，中科大生命科学在教学和科研方面获得了快速而巨大的发展，使生命科学学院成为国内众多生命科学学院中的出类拔萃者。20世纪90年代中后期以来，随着GDP翻两番目标的提前实现，国家先后启动了“211工程”“973计划”“985工程”“知识创新工程”等，加大了对教育和科研的投入力度；先后实施了“百人计划”“杰青计划”“长江学者计划”“千人计划”“万人计划”等人才计划，加大了人才引进的力度。在这些工程、计划的支持下，20世纪八九十年代以来在海外的大量优秀科研人才纷纷归国。他们把最新的科学知识、最先进的科研理念带回国内，推动国家科研能力大幅提升，带动国家经济大幅发展。沉寂多年、人才流失一度相当严重的中科大也得以重振旗鼓，在大量引进人才的同时，屡次在科研方

---

① 中美联合招考物理研究生项目（China-United States Physics Examination and Application），简称CUSPEA，1979年由著名华裔物理学家李政道先生发起。

② 中美联合招考生物化学研究生项目（China-United States Biochemistry Examination and Application），简称CUSBEA，是我国改革开放后生命科学领域最早的国家公派留学项目。1981年由华裔分子生物学家、美国康乃尔大学吴瑞教授发起。

面创造出令世人瞩目的佳绩。1998年才成立的中科大生命科学学院敏锐地抓住新的机遇，建起设施先进、超前的生物大楼，实行独立研究员(PI)制，在继续加强结构生物学、神经生物学的同时，引进细胞生物学、免疫学、神经病理学、遗传学与生殖生物学、植物分子生物学等方向的“凤凰”。这些新、老名师带领研究生、博士后等研究人员，瞄准国际前沿课题开展研究，创造了大量高水平的成果，同时培养出了很多高水平的本科生、研究生，令中科大生命科学学院如黑马一般，在数年内即声名鹊起，成为国内一流的生命科学学院。

整理历史是为了更好地发展未来。希望我们对中科大生命科学发展历程的梳理，能更清晰地将其教学传统、研究传统、精神风貌展示出来，在凝聚人心的同时，达成更多共识，对生命科学学院自身的发展，尤其是文化建设工作，起到一定的促进作用。

中科大生命科学的发展史不但是中科大校史的一个重要组成部分，还是中国当代科学发展史的一个案例。系统梳理和研究这段历史，无疑会增强人们对中科大60年来发展历程的了解和认识，并为国家的科技体制、教育体制改革提供有益的历史借鉴。

熊卫民

2018年7月

目　录

序 …………………………………………………………………… (ⅰ)

前言 …………………………………………………………………… (ⅲ)

第 1 章　生物物理系时期 ………………………………………… (001)
1.1　中国科学技术大学的创办 ……………………………………… (001)
1.2　生物物理系的创办 ……………………………………………… (006)
1.3　生物物理系的师资队伍和课程设置 …………………………… (008)
1.4　勤奋朴素的校风和系风 ………………………………………… (012)
1.5　生物物理系科技人才辈出的原因 ……………………………… (014)

第 2 章　物理系生物物理专业时期 ……………………………… (017)
2.1　并入物理系 ……………………………………………………… (017)
2.2　南迁合肥 ………………………………………………………… (019)
2.3　招收工农兵学员和进修生 ……………………………………… (021)
2.4　在逆境中依然出人才 …………………………………………… (023)

第 3 章　生物学系时期 …………………………………………… (028)
3.1　中科院率先推出系列教育改革措施 …………………………… (028)
3.2　中科大的第二次崛起 …………………………………………… (030)
3.3　成立生物学系 …………………………………………………… (037)
3.4　研究传统的建立 ………………………………………………… (047)
3.5　人才培养硕果累累 ……………………………………………… (059)
3.6　并不落后的管理 ………………………………………………… (060)

第 4 章　生命科学学院时期 ……………………………………… (062)
4.1　困难和机会 ……………………………………………………… (062)

4.2 建立生命科学学院 …………………………………………………………… (063)
4.3 跨越式发展 ……………………………………………………………………… (075)

结语 ……………………………………………………………………………… (083)

附录 ……………………………………………………………………………… (084)
附录 1 历届领导名录 ………………………………………………………………… (084)
附录 2 院士简介 ……………………………………………………………………… (087)
附录 3 教职工名录 …………………………………………………………………… (102)
附录 4 中国科学技术大学生物学系简介(1996 年) ……………………………… (104)
附录 5 历届本科生名录 ……………………………………………………………… (113)
附录 6 历届研究生名录 ……………………………………………………………… (134)
附录 7 不同时期本科班级合影 ……………………………………………………… (161)
附录 8 不同时期的课程课时表 ……………………………………………………… (205)
附录 9 教学科研获奖项目(省部级三等奖以上) ………………………………… (214)
附录 10 生命科学学院平台和实验室建设情况 …………………………………… (220)
附录 11 生命科学学院成立以来引进的人才 ……………………………………… (228)
附录 12 中科大生命科学大事记 …………………………………………………… (231)

后记 ……………………………………………………………………………… (250)

第1章
生物物理系时期

1.1 中国科学技术大学的创办

1. 中国科学院办大学

1955年下半年，随着农业、手工业、工商业"三大改造"的初步完成和国家经济形势的好转，中央决定把工作重心转移到科学、技术、教育、文化等上来，其中一个重点是研制导弹、原子弹。

为推进这项工作，1956年1月，中央召开了知识分子会议。周恩来总理代表中央做大会主题报告，号召人们"向科学进军"，并明确提出，要"在第三个五年计划期末，使我国最急需的科学部门接近世界先进水平"①。

为了使我们国家的科学研究工作能"提纲挈领"、"按部就班"、全面而又迅速地开展起来，而不至于只是"头痛医头，脚痛医脚""东抓一把，西抓一把"②，在知识分子会议结束之后，国务院马上组织相关人员制定了《1956—1967年科学技术发展远景规划纲要》。经全国600多位科学家和16位苏联专家历时6个月的努力，1956年8月下旬，该规划正式完成并通过。它在13个领域提出了57项重要的科学技术任务，进一步明确和细化了我国科学技术的发展目标③。其中，明确提出发展电子计算机、半导体、无线电电子学和自动化技术这"四大

---

① 周恩来. 关于知识分子问题的报告[M]//建国以来重要文献选编：第八册. 北京：中央文献出版社，1994：37.

② 郭沫若. 向科学技术进军[M]//建国以来重要文献选编：第八册. 北京：中央文献出版社，1994：295.

③ 樊洪业. 中国科学院编年史：1949—1999[M]. 上海：上海科技教育出版社，1999：66-67.

紧急措施”，而没有明确提出的研制原子弹和导弹更是重中之重。

为了“最迅速最有效地”实现远景规划，知识分子会议提出要“集中最优秀的科学力量和最优秀的大学毕业生到科学研究方面。用极大的力量来加强中国科学院，使它成为领导全国提高科学水平、培养新生力量的火车头”。对中国科学院这个新的定位，在极大地鼓励了中科院各级员工的同时，也令高等教育部的有些领导紧张起来。而随后发生的“人心向院”，即一些高校教师向往转到中科院来工作的现象，也进一步印证了他们的担心。很快，高等教育部和中科院之间出现了对高级人才的争夺，以至于后来被中央要求“停战”。

不但高级人才是争夺对象，作为初级人才的大学毕业生也是争夺对象。作为主要的人才培养机构，高等教育部在毕业生分配工作中居主导地位，“近水楼台先得月”，他们往往把最优秀的毕业生留给高等院校，或者分配给国防军工机构等，中科院得到的毕业生质量远远不及高等院校或国防军工机构，且数量远远不够。这让中科院很不满。若生力军只是不足量的且质量不符合要求的毕业生，中科院这个“火车头”又怎么能带领大家完成“向科学进军”的艰巨任务呢？

1958 年，中央提出了更高的要求——科学技术发展远景规划的完成时间从 12 年被压缩到了 7 年，甚至还有进一步压缩的趋势。这令中科院领导和各所所长对人才产生了更大的需求。新建的苏联科学院西伯利亚分院和即将以“所与专业结合”方式建立的新西伯利亚大学给他们提供了灵感[①]。钱学森等所长提出，也要办为研究所培养人才的所办学院。而郭沫若、张劲夫等中科院领导则更进一步想到干脆把那些学院集中起来，办成一所大学。中国科学技术大学就这样被构思出来，并迅速被聂荣臻、周恩来、邓小平、刘少奇等中央领导批准。1958 年 6 月 18 日，《人民日报》正式发布了相关消息[②]。

2. 办理工结合、以理为主的大学

这所新学校该怎么来办呢？科学家们不想把它办得和国内已有的高校一样。1949 年以前，中国高校实行的是从西方学来的通才教育。可 20 世纪 50 年代初，在借鉴苏联的“院系调整”经验中，它转变成了专才教育，且往往是按三级学科来分专业，不但专业过细，且老师基本只从事教学而不做科研。几年下来

---

① 丁兆君，丁毅信. 中国科学技术大学的创办背景与动因浅析[J]. 教育史研究，2010(1)：1-9.

② 新华社. 中国科学院正在筹办一所新的大学：中国科学技术大学[N]. 人民日报，1958-6-18.

的实践表明，如此培养出来的毕业生知识面较窄，学理科的不懂工科，学工科的理科根基不牢，创新能力普遍达不到要求。原子弹、导弹及相关研究急缺大量新学科人才，尤其是新兴、尖端、边缘、交叉学科的人才。钱学森等学术带头人是在国内接受的本科生教育，在西方接受的研究生教育，这种教育经历让他们很自然地提议，中科大应当培养与他们类似的、理工结合、以理为主的宽口径人才[①]。此提议很快得到了郁文、张劲夫、郭沫若、聂荣臻等领导的支持。

于是，中科大最早建立的13个系都是涉及交叉学科的，从化学物理系、高分子物理与高分子化学系、应用数学和电子计算机系、力学和力学工程系等系名即可看出。这些系是跨学科的，而且往往是跨一级学科。

3. 科学家治系

办一所新大学，师资从哪里来？中科院提出的办法是"全院办校、所系结合"，即由北京各研究所的科研人员来担任教师，且高年级学生将被送到各研究所去实习和做毕业论文。正/副系主任、专业主任、教研室主任等，也均由科学家来担任，并由他们设计培养方案。他们强调学生应夯实基础、理工结合，中科大的学制也就变成了五年，其中三年上基础课，且同学们既要上理科课程，又要上工科课程。课程不但任务"重"、安排"紧"，而且内容"深"。为了不"挂科"，大量同学夙兴夜寐，甚至有为做作业而彻夜不眠的。于是，不久之后，即传出了"穷北大，富清华，不要命的上科大"的俗语。

与当时的许多高校不同，中科大的科学家、系主任等有充分的自主权，如1961年11月，钱学森认为近代力学系即将进入专业学习阶段的学生基础还不够扎实，提出在学制中再增加一个学期，给他们补数学基础和力学基础，于是这期学生就增加了一个学期，晚半年毕业[②]。

4. 一线领军科学家授课

中科院的著名科学家不但为系里设计课程、制定教学大纲，还亲自到学校来讲课。譬如华罗庚、吴文俊、关肇直就曾来中科大讲过最基础的数学课。华

① 这正是世界顶尖高校加州理工学院的人才培养目标。钱学森、郭永怀、赵忠尧这三位中科大的系主任都是从加州理工学院留学归来的，有理由推测是他们把加州理工学院的人才培养模式引入中科大。

② 童秉纲.践行钱学森技术科学思想的故事[EB/OL].http://idea.cas.cn/viewscientists.action?docid=11934.

罗庚的讲义《高等数学引论》(一套4册)后来得以正式出版,不但一直沿用至今,还出了英文版。其他来上课的名师还包括吴有训、赵忠尧、张文裕、钱临照、马大猷、钱学森、郭永怀、杨承宗、赵九章、王元、李正武、郑哲敏、曾肯成等。副校长严济慈也亲自为大家上"普通物理"和"电动力学"课程,一讲就是6年。当时,北京大学、清华大学、复旦大学等历史较久的名校当然也有很多名师,包括不少人文社科领域的大师和一些在20世纪二三十年代即已成名的第一代科学家,但是,能在师资队伍里汇集大量一线领军科学家的,在当时的中国只有中科大能做到。

5. 优秀的生源

中科大虽然刚开办不久,知名度还不高,但由于是中科院办的"国"字号大学,拥有众多"尖端"的专业和如雷贯耳的名师,还是很快吸引了考生,尤其是其家长和老师的注意。1958年中科大招收首届学生时没赶上全国统一招生,生源暂且不论;到1959年招收第二届学生时,中科大的录取线就跟北京大学、清华大学并列,居全国最高档;至1962年时,平均录取线更是高居全国榜首。

新专业对考生吸引力尤大。经过多年的教育,他们普遍具有"到祖国最需要的地方去"的意识。当时国家号召全国科技人员"向科学进军",其重点又是实施"四大紧急措施"和研制"两弹",而中科大办的均是与此相关的专业,不少还是全国独有,这又如何不令青年学生们对她怦然心动?拿原子核物理和原子核工程系来说,因报考者太多,1958年就录了比原计划多一倍的学生。

6. 基本能按教育规律办学

20世纪50年代,中国高校先后经历了多次政治运动,大部分高校都不能再进行正规的课堂和实验室教学,从1958到1960年,学生们约有3年的时间没能接受正规教育。

中科大与这些学校不一样。作为一所1958年下半年才建立起来的新学校,她没有因之前的政治运动而使师生之间产生隔阂;同时因中科院内的政治运动相对温和,教师之间的矛盾也相对较小。据笔者对一些老校友的访谈①,中科大从创办到"文革"开始,没有开展过批判老师的运动。而且由于大部分同学出身都很好,同学之间的相互批判也少。极少数出身不好的同学虽受到了冷遇,但并未遭到严厉批判。

① 据笔者对王贵海(2017年9月18日)、姚蜀平(2017年10月10日)等的访谈。

有一些政治运动也对中科大造成了冲击。譬如,第一届新生入学后,“学生老师不上课,都在校园内外挖坑,用土法炼钢,或在校办工厂及各系自办的小工厂里劳动,一直到1958年12月才开始上课”[①]。但这种做法很快得到了制止。同学们依然要参加劳动,只是中科大的学生进行的主要是“高级”的劳动——开展一些简单的科研工作或去中科院的研究所实习。进入高年级之后,他们更是要到与所在系相结合的中科院的研究所去做毕业论文。这是难得的机遇,因为当时中国的科研实践更多地存在于科研院所,而不是大专院校。

7. 领导开明

中科大之所以能对违背教育规律的运动、行为进行一定程度的抵制或变通,与领导的开明是分不开的。就拿1958年12月中科大恢复正常上课来说,就是出于郭沫若的指示。他说:“学生就是要读书,读书也是为了革命。”有了他的明确意见,中科大才能与众不同,得以复课。郭沫若说:“个人钻研、认真读书不能和个人主义同等看待,因为今天鼓励个人钻研和认真读书是要为人民服务,为社会主义建设服务。”[②]他的开导无疑能解除同学们的部分顾虑。

中科大的首任党委书记是郁文,他为人也比较开明。1959年前后,他把何举、曾肯成、顾雁、朱兆祥、任知恕等一批才干、胆识俱佳,在“反右派”运动中受到错误批判,以至于不能再在原单位工作的年轻人吸纳进学校,并称这是“发了一笔洋财”。之后几年他又设法给其中的右派“摘帽”,让他们得以正式成为中科大的教师,给同学们授课。几年后,又有100多位老师面临被“清理”,刘达书记保护了他们,使他们得以继续留在科大。

陈毅等中央领导以及中科院党委书记张劲夫也给了中科大以支持。陈毅、罗瑞卿、乌兰夫、郭沫若等中央领导把自己的孩子送到刚刚建校,房屋、设备等还非常欠缺的中科大来,这就是一种以行动来表达的支持[③]。陈毅、聂荣臻、张劲夫等还不时应郭沫若校长之邀,到中科大来给全校师生做报告。陈毅副总理的报告内容譬如对“又红又专”的解释,在50多年后还被不少同学铭记[④]。郭沫若本人更是珍爱这所学校,不但自己经常来学校做报告,与师生座谈,还多次把稿费捐出来,给同学们改善生活条件——建游泳池和给全校同学发“压岁

① 任知恕,熊卫民.我所参与的中科院人事和教育工作[J].江淮文史,2017(4):95-107.

② 本段引语出自中科大的相关档案,转引自:丁毅信.郭沫若在中国科技大学的办学思想与实践[J].高等教育研究,1987(2):24-28.

③ 领导干部的子女也是考进来的,参考自:任知恕,熊卫民.我所参与的中科院人事和教育工作[J].江淮文史,2017(4):95-107.

④ 赵忠贤院士在2018年的一次报告中提及此事。

钱”等。

郁文、郭沫若、华罗庚、严济慈等席地而坐观看6012级同学表演(1961年5月1日)

领导的开明和支持给了同学们很大的鼓舞。张劲夫“一百个农民才能养你们一个大学生”的话更让他们产生了报恩之心[①]。同学们普遍珍惜难得的机会,学习十分认真。教师水平高,学生质量高,基本能遵照教育规律来管理,学生有更多的参与科研的机会,这些因素共同作用,使得中科大有了较高的教学质量、较高的成才率,令她刚创办几年即成为中国最优秀的高校之一。

1.2 生物物理系的创办

中科大有13个创始系,各有与其相结合的研究所。其中,生物物理系是唯一与生物学有关的系,与它相结合的研究所是正在成立之中的生物物理研究所。

当时中科院在北京还建有植物研究所、动物研究所、昆虫研究所、微生物研

① 熊卫民,贺崧智.生物物理专业连队:陈惠然教授访谈录(2018年3月6日)。

究所、心理研究所、遗传研究室等生物类研究所(室)。这些研究所(室)虽然成立的时间有别,但普遍比生物物理所要"年长"。它们也要发展,也需要培养新的人才,为什么不是它们,而是生物物理所来开展"所系结合",在中科大建立相关的系呢?

原因很简单,成立中科大的目的是"培养目前世界上最新的尖端性学科的科学研究工作干部"①。而在当时的语境中,所谓"最新的尖端性学科"实际就是指为核武器和航天研究服务的学科。植物所等与核武器和航天研究基本没有关系,它们当然会被中科大排除在外。事实上,它们也建了培养人才的学校,但那些学校没被纳入中科大,很快就消亡了②。

那为什么生物物理所能在中科大办系呢?这得从该所的性质说起。生物物理所的前身是1955年10月成立的中科院实验生物研究所北京工作站,最早由节肢动物专家贝时璋、徐凤早关于生物激素的研究组构成;同年稍后,细胞生物学家施履吉加入,开始进行超微量分析、超显微结构、同位素示踪物质方面的研究;1957年10月升格为中科院北京实验生物所③。为打赢可能的核战争,1956年,国家在《1956—1967年科学技术发展远景规划纲要》中提出研究核辐射对人体和其他生物体的伤害,以及可能的防护方式;为提升核武器的运动能力,国家于1956年启动了火箭、导弹武器研究,于1958年启动了人造卫星研究项目——"581工程",这些举措令宇宙射线和微重力对生物的影响研究(即宇宙生物学研究)也成了一种需求。1958年,中科院党组书记张劲夫等决定将北京实验生物所改建为生物物理研究所,作为来承担这些任务的一个主要单位。1958年9月26日,经国务院批准,生物物理所正式成立,由贝时璋任所长。该所初期设三室一组,其中最主要的是放射生物学研究室(主要研究核辐射对人体和其他生物体的伤害及其防治)和宇宙生物学研究室(主要研究宇宙射线和微重力环境对生物的影响)。这种定位令生物物理所成为了中科院在北京的诸多生物类研究所中唯一与"两弹一星"联系紧密的研究所。

研究新学科需要人才,这种人才可以是转入新方向、开拓新领域的资深研究人员或新分配来的毕业生,也可以从大学生开始培养,贝时璋更倾向于后者。所以,在中科大的筹备会上,他强烈要求设立生物物理系,而他的要求也迅速得

---

① 新华社.中国科学院正在筹办一所新的大学:中国科学技术大学[N].人民日报,1958-6-18.

② 譬如植物所就按综合性大学生物系专业的要求,于1959年10月举办了"科技干部训练班",招收学员40多人。该班于1961年8月停办。参考自:中国科学院植物研究所志编纂委员会.中国科学院植物研究所志[M].北京:高等教育出版社,2008:781.

③ 薛攀皋,季楚卿,宋振能.中国科学院生物学发展史事要览[Z].北京:中国科学院院史文物资料征集委员会,1993:269-270.

到了筹备会的同意。1958年9月20日，生物物理系随中科大一起成立，由贝时璋兼任主任。它不仅是中国最早的生物物理系，也是国际上最早的生物物理系之一。

贝时璋院士

1.3 生物物理系的师资队伍和课程设置

生物物理系由生物物理所所长贝时璋兼任主任。鉴于他担任众多职务，工作异常繁忙，系里的日常工作实际由副主任沈淑敏主持。系里还建立了党支部，书记为长征干部何曼秋，副书记为李淑杰。还设有系办公室，内有政治干事(初期为曹永昌)、行政干事、勤工俭学干事(初期为王臣)和教学干事各一人。庄鼎1958年从北大生物系毕业后被分到中科大生物物理系做教学干事，他回忆过当时的情形：

> 政治干事负责政治方面的事情，行政干事负责学生日常生活方面的事情，勤工俭学干事安排学生的劳动生产……我是教学干事，我的任务是给学生排课、搜集学生对教学的反映、联系老师、记录会议……我刚来生物物理系时，系办公室只有两间房：一间供系领导用，另一间由四个干事共用，其他如实验室等都还没有建起来。不久贝老就召集大

家开会，讨论教学目标、要开设的课程、课程所需学时、教师分配等。[①]

1960年，首批学生开始上专业课后，庄鼎改当生理课教员。除他和蔡志旭、雷少琼、顾凡及、王贤舜、钟龙云、孙家美等分配来的大学毕业生外，生物物理系的专业基础课、专业课教师主要来自中科院生物类研究所，尤其是生物物理所。来系里讲过专业课、专业基础课的老师除贝时璋外，还有沈淑敏、杨纪珂、徐凤早、江振声、叶毓芬、郑若玄、姚敏仁、徐海津、郑竺英、汪云九等。

同学们和沈淑敏老师、苏雅娴老师在一起

（左起：徐耀忠、苏雅娴、沈淑敏、寿天德、王平明，1983年11月摄于石家庄，寿天德提供）

生物物理系最初只设一个专业——生物物理专业。究竟何谓生物物理？当时的理解是，它包含4个方面的内容：第一是能够清楚掌握生物的基本物理结构、性能和运动规律；第二是了解生物的能量代谢；第三是掌握生物的信息控制问题；第四是熟练使用生物物理的仪器技术。

基于这种认识和生物物理所当时的研究任务，生物物理系的学生要学习以下4个方面的专业课程：

放射生物学：研究电离辐射对生物机体作用的规律，研究辐射能

① 据笔者对庄鼎研究员的访谈（2016年1月14日）。

对机体损伤的机制及其防护措施，并研究生物学、医学、农业科学方面广泛利用辐射能的途径。

同位素在生物学中的应用及剂量学：同位素应用是现代科学研究中的重要研究方法，它在生物学中有广泛而有效的利用空间；剂量学研究放射生物学及同位素应用的剂量问题。

生物物理学：包括以下5个部分。光生物学：研究生物对光的效应，光能量的传递、转换和其他问题。电生物学：研究生物体内电现象的产生及其作用机制，电在生命活动过程中的意义，以及外界电流对生物作用的影响。生物的亚显微结构与分子结构：研究生物机体亚显微结构在分子水平上的结构，前者用电子显微镜作为主要研究工具，后者用衍射仪等作为主要研究工具。宇宙生物学：研究进入宇宙空间时，在宇宙空间中及在各层中各种物理因素和外界环境对生物作用的机制和规律。生物的信息控制问题：研究生物的控制系统及其自我调节机能，以及生物的生存与环境统一的问题。

生物物理仪器与技术：研究与生物物理迅速发展有密切关系的新技术与新仪器。

本系毕业生除学习上述专业课程外，还要进行毕业论文工作，对毕业后独立工作能力进行一定的训练。[①]

这些专业课对中国而言，都属新学科和新领域。前来授课的老师往往是边自学、边研究、边教学。

事实上，相对来说这些专业课并不是特别重要，因为改革开放后放射生物学、宇宙生物学不再是生物物理所的主要研究方向，而生物物理系的毕业生也大多没有从事或不再从事相关研究。

真正重要的是前3年的基础课，包括数学、物理、化学、电子学、电工、机械制图等。对这些课，尤其是对数学、物理、化学普遍而极端的重视才是中科大的特色。之所以说极端重视，是因为现代的数、理、化知识全要学，课时非常多，且由著名科学家来讲；之所以说普遍重视，是因为中科大每个专业的同学都要上这些课，只是程度略有区别。譬如高等数学分为两类：甲型学习两年半，总学时是430个；乙型学习1年半，总学时是260个。普通物理分为3类：甲型学习两年半，理论课总学时是408个，实验课学时是280个；乙型学习两年，理论课总学时是323个，实验课学时是224个；丙型学习一年半，理论课学时是238个，实验课学时是168个。普通化学分为两类，均学习1年，甲型每周上课4学时，

① 中国科学技术大学资料汇编第一辑. 中国科学技术大学档案馆(1959-WS-Y-27)。

实验4学时;乙型每周上课3学时,实验4学时[①]。

对基础课的这些安排是各系的系主任,即中国最著名的科学家们在中科大的筹备会上经多轮磋商后确定下来的,是他们“厚基础、宽口径”育人思想的具体体现。这带来了以下结果:

第一,形成了中科大课程重、安排紧、内容深,即“重、紧、深”的特色。为了应对这么多高强度的课程,同学们在周末也难以抽空休息,还有很多人不得不加夜班、赶早班。

第二,对于这套课程体系,后继者不大愿意改,以至于它们在相当大的程度上延续到了20世纪末,而中科大在本科教育方面的优良传统、赫赫威名也得以形成并长期保持。

第三,中科大不同专业的学生在前三年上的课程差不多,这就为改革开放以后,中科大允许同学自由转专业、转系的改革奠定了坚实的基础。也有高校想学这种改革措施,可由于它们不同系科之间课程并不相通,很难做到这一点。

作为生物类学生,生物物理系的学生不但要学这些基础课,而且对数、理、化的要求均为课时最多、要求最高的甲型。不仅如此,他们还要上很多的化学方面的专业基础课、专业课[②]。据1958级学生王家槐回忆,他们“上了两年半高等数学,三年普通物理,四年里上遍各门化学。好几门基础课是和物理系和化学系一起上的”[③]。

虽然学制是五年,可由于基础课占掉了大量课时,并且要上外语(俄语和英语)、体育、政治等公共课,留给专业课和专业基础课的课时也就不多了。结果,生物物理系的同学居然不怎么上植物分类学、动物分类学、微生物学、生态学等生物学的经典课程。以至于他们和外人一样,均不大认为自己是生物方向的学生。那他们是什么方向的学生呢?有时他们戏称自己是“四不像”。但也正是因为这种课程体系,尤其是高强度的数理训练给他们打下的良好基础,令他们不畏惧新兴的领域,令他们具备很强的可塑性和开拓性,令他们能在新兴、交叉的领域取得创新性成果。

---

① 朱清时.中国科学技术大学编年史稿[M].合肥:中国科学技术大学出版社,2008:6.

② 生物物理系学生的课程课时情况,详见书末的附录8。

③ 王家槐.60年后,一位科大老校友对母校的回忆[EB/OL].https://zhuanlan.zhihu.com/p/20550585.

1.4　勤奋朴素的校风和系风

尽管1958年招生工作开展得比较迟，且不是在全国范围内进行，但由于《人民日报》《光明日报》《中国青年报》以及中央人民广播电台等的支持和华罗庚、钱学森、钱三强等科学家的巨大号召力，中科大生源一开始就不错，大概也就那些从工农速成中学过来的调干生学习成绩略差一些。1959年以后面向全国招生，生源质量进一步提升，迅速达到了全国最高的档次。

生物物理系只招了4级（1958级、1959级、1960级、1963级）共约200名学生。其中，有一部分是自己主动报考的（如王家槐、王大成），有一部分是听从老师或家长的建议报考的（如王志珍、陈润生），有一部分是从别的系调剂过来的（如施蕴渝、王贵海），质量普遍很高。那些从原子核物理和原子核工程系、技术物理系等系调剂过来的学生，刚开始可能有点不情愿，但很快也就服从了学校的安排。

到校之后，受当时“教育必须为无产阶级政治服务，教育必须同生产劳动相结合”方针的影响，他们当然也要参加大量的政治学习和生产劳动，但认真学习、努力攀登科学高峰，一直是他们在校期间学习和生活的中心主题，即使在“三年困难时期”吃不饱肚子的情况下也如此。

这点可以从他们对大学生活的回忆中看出来。譬如，1958级学生王大成曾回忆说：

> 1958年刚上大学时，食堂烧大锅饭，我们可以敞开肚皮随便吃……到1959年、1960年的时候，我们吃饭开始分级、定量……很快，汤或稀饭供应得越来越少。我们整天都饿肚子，肚子咕噜噜叫，身体还出现了浮肿。冬天尤其令人难受。首先是风沙大，出门若不戴口罩，一吸气就会把沙子吸进去。其次是寒冷异常，我们上课的房子暖气供应不足，我的两只手都长了冻疮。在这种环境下，真的很难专心学习。好在学校做了很多安排部署，最后使得我们的每一门课程都没有落下。在这种艰难的条件下，大家仍能继续锤炼，不断提升，这种场景令我终生难忘。[①]

1959级学生王贵海也曾回忆说：

① 据姚琴、刘锐对王大成的访谈（2016年1月15）。

> 科大的学生学习都非常努力。当时我们宿舍一共7个人……每天晚上，大家多是到教学楼晚自习到9点半，然后回宿舍洗漱休息。而我呢，在晚自习结束后还会去操场跑10圈、4000米，然后洗洗睡觉。第二天早上7点钟起床，做做体操、背背外语，然后吃饭、上课。[①]

他们还回忆了授课老师。王家槐回忆数学老师曾肯成：

> 还有一位曾肯成老师，矮矮的个儿，低着头，讲起复变函数论来，在黑板前踱来踱去，极其投入，比一个大明星还要进入角色。他说，如果火星上有人来访，地球人能给他们的最好礼物就是复变函数论！[②]

1959级学生陈逸诗回忆宇宙生物学教师李祯祥：

> 李祯祥老师，一副白面书生的样子，斯文淡定，北大毕业，教我们宇宙生物学。当时这门课属于绝密科目，上课时，讲义当堂发，课后立即收，统一放在保险箱里，搞得挺神秘的。记得期末考试，出了一道题"宇宙飞船在太空间，突然船舱外壳穿孔，该怎么办？"大学期间，难得遇上这类题目，没有标准答案，让大家自由畅想一番。[③]

从他们几十年后对老师授课细节的深情回忆可以看出，当年他们对于学习是十分投入的。

同学们为什么会如此好学？首先因为他们本来就是尖子生。中科院天下闻名的好老师，中科大新兴的、尖端的专业，把一大批想当科学家也适合当科学家的好学生吸引了过来。他们在中小学阶段本来就形成了好学的习惯，在高手如林、相互比较、经常需要"过关斩将"的环境中，他们会更加自觉地学习。其次，作为在党所创办的高校中学习的全国考分最高的这批学生，他们和那些放弃国外优厚待遇、回国参加建设的老师一样，有很强的使命感，很想成为"向科学进军"的主力，很想登上科学的高峰，很希望自己能以优异的成绩来回报党和人民的培养。这种使命感也驱使他们努力学习。再次，学校的课程既重又深，及格并非易事，而几科不及格就可能要留级或退学[④]，在这种压力之下，他们能不拼命学习？于是，中科大学生学习起来"不要命"的口碑很快就形成并传开了。

---

① 据熊卫民、高习习对王贵海的访谈(2017年9月19日)。

② 王家槐. 60年后，一位科大老校友对母校的回忆[EB/OL]. https://zhuanlan.zhihu.com/p/20550585.

③ 陈逸诗. 科大师长随想[EB/OL]. http://www.sohu.com/a/207063780_171093.

④ 生物物理系每个年级都有因挂科而不得不留级或退学的同学。譬如1963级就有一同学因期末考试5科不及格而在一年级就退学了。据笔者对徐耀忠教授的访谈(2018年7月5日)。

由于学生十分专注于学习，也就不那么在乎衣着。班上工人、农民、城市贫民出身，家里缺钱，靠助学金来上学的同学较多，对他们而言，穿补丁摞补丁的衣服是常态，穿草鞋、打赤脚也非稀罕事。其他家庭出身的同学那时候追求和大家打成一片，不搞特殊化。这一切令中科大、令生物物理系形成了一种特别朴素的风气。勤奋、朴素的校风和系风就这样迅速形成了。

1.5　生物物理系科技人才辈出的原因

1963 年 7 月，在建系 5 年之后，生物物理系迎来了首届毕业生。其中生物情报学专业的 21 人是 1960 年从科学情报系转来的，多被分到了国家科委的情报研究所，就不在此多做讨论了。生物物理专业的 62 位毕业生的分配情况如下：9 人留中科大，16 人去生物物理所，26 人去中科院其他研究所或机关，2 人去二机部，1 人去卫生部的研究机构，5 人去解放军相关部门，1 人去武汉大学，1 人去内蒙古大学，1 人去陕西省人事局。也就是说，留在中科院系统（含中科大）的比例高达 82%[①]。

1964 年 8 月，生物物理系有了第二届毕业生 47 人。他们的分配情况如下：5 人留中科大，17 人去生物物理所，21 人去中科院其他研究所或机关，1 人去中科院植物所念研究生，1 人去中共中央宣传部，2 人去解放军相关部门。也就是说，留在中科院系统（含中科大）的比例高达 94%[②]。

1965 年 8 月，生物物理专业第三届 69 名学生从物理系毕业。他们的分配情况如下：3 人留中科大，9 人去生物物理所，13 人去中科院其他研究所或机关，1 人去中科院生理所念研究生，3 人去国家科委，2 人去农业部的研究机构，2 人去中组部，8 人去卫生部的研究机构，2 人去解放军相关部门，14 人去往湖北省，12 人分别去往湖南、山东、山西、辽宁、黑龙江、内蒙古。也就是说，留在中科院系统（含中科大）的比例只有 38%[③]。分到地方去的同学大多去了基层，据王贵海介绍，“文革”开始后，六七位原被分配到湖北的同学又辗转到了生物物理所工作[④]。

中科大早期的毕业生有“老三届”和“老五届”之说。“老三届”是指 1958—

① 中国科技大学一九六三年毕业生调配名单.中国科学技术大学档案馆（1963-WS-Y-33）。
② 中国科技大学一九六四年毕业生调配名单.中国科学技术大学档案馆（1964-WS-Y-27）。
③ 中国科技大学一九六五年毕业生调配名单.中国科学技术大学档案馆（1965-WS-Y-22）。
④ 据笔者对王贵海研究员的访谈（2017 年 9 月 19 日）。

1960年入学的学生，他们接受了完整的五年制培养。“老五届”是指1961—1965年入学的学生，他们尚未毕业就遭遇“四清”和“文革”，所接受的大学专业训练不够完整，毕业分配情况也不正常。生物物理系1961年、1962年没有招生，1963年恢复招生，但只招了25人。所以，对生物物理系而言，学习较为扎实的是1958级、1959级、1960级这三届学生。这三届178位毕业生中，先后有约20人留在了中科大(包含康莲娣、施蕴渝这种后来调回来的；其中贾志斌、蒋巧云、孔宪惠、黄婉治、余明琨、包承远、寿天德、刘兢、陈惠然、阮迪云等留在了生物物理系或生物物理专业)，有约50人留在了中科院生物物理所。他们在很长的时间内，成了中科大生命科学和中科院生物物理所的主力军，这对中科大生命科学和中科院生物物理所后来的发展起了举足轻重的作用。其中，施蕴渝、王志珍、王大成、陈润生先后当选为中科院院士，王书荣曾任生物物理所所长，马重光曾任生物物理所党委书记，寿天德、刘兢、施蕴渝曾任中科大生物系主任或生命科学学院院长。

1968年，国防科委在中国人民解放军第五研究院内组建航天医学工程研究所。生物物理所六、七、八研究室百余人整建制调入，其中包括很多中科大生物物理系的“老三届”毕业生。他们承担了航天员选拔训练、医学监督和医学保障、飞船环境控制与生命保障系统研制、航天服与航天食品研制、大型地面模拟试验和训练设备研制等多项重要任务，为我国首次载人航天的成功做出了突出贡献。

到其他机构工作的生物物理系毕业生，也大多成了所在机构的骨干，为该机构或该系统的发展做出了贡献。譬如王贵海曾任中科院生命科学与生物技术局副局长、局长十多年，对国家生命科学的发展产生过重大影响。

为什么只存在了短短8年、只培养了4届学生的生物物理系能出这么多优秀人才？王贵海给出的回答是：

> 与资源更优越的北大、清华相比，科大做出了毫不逊色的成绩。我们毕业后，不管是在什么机构，都兢兢业业地工作，发挥了骨干作用。在生物物理所内，科大毕业生有搞分子生物学的、有搞生物物理的、有搞理论生物学的、有搞细胞学的、有搞仪器研制的，无论放到哪儿，都能胜任工作。我感到科大毕业生的可塑性比清华、北大的毕业生要强……原因嘛，一是学校比较注重基础知识教育，学生的理论基础比较扎实，实验课安排得比较多，学生的动手能力也强，进而适应性也强；二是科大的同学都比较务实，有钻研精神，能吃苦耐劳，责任感

较强。[①]

每一位人才之所以成才都会有独特的原因,譬如个人的天赋、努力程度、机遇、个性等,但一个小机构能有这么高的成才率,想必有一些共同的原因。事实上,共同的原因已体现在王贵海和其他许多当事人的回忆文章或访谈录中:生物物理系老师的栽培,同学间的相互促进,中科大生物物理系勤奋、朴素系风的影响,等等。数学、物理、化学、生物学、电子学等基础性课程所起的作用尤其大,生物物理系特别注重这些课程,按"高起点、宽口径"来培养学生,使得学生有很强的自学能力,可塑性很强。科学发展得很快,不断有新的前沿交叉学科出现,生物物理系如此培养出来的学生很快就可以参与或融入进去,成为新学科带头人,甚至新学科的开创者。

① 据笔者对王贵海研究员的访谈(2017 年 9 月 19 日)。

第2章

物理系生物物理专业时期

2.1 并入物理系

20世纪50年代,生物物理学在中国是个很新的、完全没有根基的学科,既缺专家,又缺成果。它居然能在中科院独立建成一个研究所,同时还在中科大独立建系,这是一件很不寻常的事。要知道,心理学在中国的研究基础比生物物理学要扎实得多,不但早就在很多高校建有专门的系或专业,而且还先在中央研究院、后在中科院建起了研究所,可因为缺乏有影响力的专家和成果等原因[①],中科院心理所还一度(1953年)遭到撤销。若不是国家对生物物理学有着强烈需求,不但生物物理所难以成立,生物物理系也不大可能诞生。

事情的发展往往不是一帆风顺的,在那个年代更是如此。生物物理系在经历了独立建系的高起点之后,又经历了一个又一个波折。

第一个波折是招生量大减。1960年,中央提出"调整、巩固、充实、提高"的八字方针,中科院和中科大随之进行机构精简,将很多人从城市精简、下放到农村。中科大的招生数从1960年的1700多人,锐减为1961—1965年间的每年五六百人。而生物物理系则在1961年、1962年停止招生,在1963年、1964年恢复少量招生后,1965年又停止招生。稍有补偿的是,1960年下半年,科学情报系中与生物有关的部分,被并入生物物理系[②]。

更大的波折发生在1964年,生物物理系被撤销掉系的建制,并入新成立的物理系,成为该系的生物物理专业。

1962年4月21日至5月中旬,教育部召开会议研究压缩教育事业规模的

---

① 熊卫民.何祚庥院士访谈录(续)[J].院史资料与研究,2014(4):1-41.

② 1959年,中国科学情报大学并入中科大,成为该校的科学情报系。1960年8月,该系师生又被分别并入中科大的技术物理系、生物物理系、高分子化学与高分子物理系。

问题。5月25日，中央批转了教育部党组《关于进一步调整教育事业和精简学校教职工的报告》，要求下最大决心，对教育事业，特别是对高等学校和中等学校做进一步的调整。5月29日，教育部成立精简调整办公室，专门负责相关工作。至1963年年底，全国高等学校已由1960年的1289所调整合并为407所，在校学生由1960年的96.2万人缩减为75万人①。

根据中央的精神和中科院的部署，中科大决定将学生规模从原计划的7000人压缩为3000人，并进一步整合系和专业。1962年5月18日，中科大教务处上报《关于调整系和专业的意见(草案)》，提出了将原有13个系合并为5、6、7、8个系的4种方案。无论采取哪种方案，生物物理系都只是作为一个专业被保留下来。这也不难理解，因为生物物理系实际上只有一个生物物理专业，是中科大最小的系。

由于生物物理系是依托生物物理所创办的，所以，在撤销这个系的独立建制，将其变成一个专业前，中科大还征求了生物物理所的意见。生物物理所给的回复是②：

科大党委办公室：

关于调整专业和系的意见和草案，我们进行了讨论，完全同意调整意见和方案。根据我所的具体情况，要办好一个系确实存在许多实际困难，认为将生物物理系改为专业，缩小规模非常重要，即使这样要办好生物物理专业也是不容易的，还要许多努力。

此致

敬礼

生物物理所领导小组

1962年8月8日

经过几轮商讨，1964年10月，学校最终采取了将13个系合并为6个系的方案，生物物理系被并入物理系，成为该系的一个专业——生物物理专业。一道被并入物理系的还有技术物理系、地球物理系和物理教研室。

虽然失去了系的独立建制，但生物物理专业还在，“四不像”课程设置并无多大变化，还像以前一样培养此专业的学生。随着校园建设的开展，生理学实验室、生物化学实验室、动物学实验室和组织胚胎微生物实验室等专业基础课实验室也逐步建立起来，而更专业的实验及毕业论文涉及的实验工作，同学们

① 储朝晖. 中国教育六十年纪事与启思[M]. 太原：山西教育出版社，2013：60-61.

② 中国科技大学关于系与专业调整的报告、意见、方案. 中国科技大学档案馆(1962-WS-Y-24)。

主要去当时位于中关村的生物物理所去做。也有留在学校，在生物物理系专职的年轻老师的指导下来做毕业论文的，但他们所研究的基本不是独立的课题，而只是某个课题的一个部分，属辅助性、阶段性的工作。生物物理系研究传统的建立，还在刚刚起步的阶段。

2.2 南迁合肥

更大的变化发生在1966年。这年5月，"文革"开始。虽然没有像北大、清华等高校那样成为焦点，但当时偏处北京玉泉路一隅的中科大还是停课参加了运动。生物物理专业的学生和留校的青年老师也参与了。他们和学校别的系的人一道，在当年及随后几年参加了一些政治运动。但据曾任中科大一分部负责人的任知恕回忆，相比而言，中科大学生还讲点理，并没有过于凶狠地对待他和刘达等人[①]；甚至负责看管刘达的一位同学感动并钦佩于刘达的凛然正气，还成了刘达的铁杆保护者[②]。

1969年3月，中苏两国因领土争端而发生冲突，两国关系发展到了全面战争的边缘。10月26日，中央正式发布《关于高等院校下放问题的通知》，要求国务院各部门所属高等院校，设在北京市的，仍归各有关部门领导；如果搬到外地，可交由当地省、市、自治区革委会领导；与厂矿结合办校的，也可交由厂矿革委会领导；设在地方的，交由当地省、市、自治区革委会领导。教育部所属高等院校，全部交由省、市、自治区革委会领导。这进一步推动了高校下迁运动。

中科大就在这样的背景下被迫紧急离开北京。搬迁到什么地方？不知道。1969年11月1日中科院党的核心小组副组长刘西尧到中科大传达中央《关于高等院校下放问题的通知》时，做出的指示是要学校分两步走：第一步先疏散，第二步再选点搬迁[③]。从10月底起，学校就派了一些先遣队去河南、江西、安徽等地选点。最终，安徽同意接收，初步安排的办校地点是安庆原市委党校。于是，1969年12月，寿天德、刘兢、余明琨、陈惠然等约90名先遣队成员在先，中科大其他约900名教职工、学生在后，分几批到达安庆。由于安庆原市委党校那栋仅能容纳300人的小楼无法支撑近千人的基本生活，1970年1月，经尚可、王锡鹏等人去合肥与安徽省负责人李德生协商，李德生决定改将中科大安置到

① 任知恕，熊卫民．我所参与的中科院人事和教育工作[J]．江淮文史，2017(4):95-107.
② 戴开元，华新民．刘达与科大[J]．科学文化评论，2008(5):107-114.
③ 朱清时．中国科学技术大学编年史稿[M]．合肥:中国科学技术大学出版社，2008:107.

原合肥师范学院的校园之中[①]。在随后的几个月内，中科大广大教师和尚未分配的学生先后搬迁到了安徽合肥。由于原合肥师范学院建筑太少，无法安置，安徽省革委会又于 1970 年 8 月将原安徽省银行干校的房屋拨给中科大使用。

与北京大学、清华大学等到外地办分校或“五七干校”不同，中科大的外迁属移交给地方来办，所以搬迁得十分彻底，所有物品统统装箱搬走，就连实验室内的试管、烧杯也不例外。然后房子被移交给海军七院论证部、铁道兵部队等单位，教室、实验室被改成招待所和宿舍，中科大在玉泉路 19 号甲只剩一个很小的留守处。这主要与“文革”期间中科大与中科院的关系变疏远了有关。1967—1968 年，中科院大批与国防军工研究有关的研究所被划归给国防科委、七机部等国防系统的科研机构，而中科大各系所联系的多为那些研究所。这就令中科大和中科院不再血肉相连，而只是变成了简单的上下级关系。1971 年 9 月，国务院和中央军委发文通知，中科大被正式改为安徽省与三机部双重领导，以安徽省为主[②]。

与北京大学、清华大学被迁往江西鲤鱼洲，北京农业大学被迁往陕西清泉县不同，安徽省领导特意在省会腾出两所学校的校舍作为中科大安置点，条件相对优越得多。这也是中科大后来难以返回北京的重要原因之一。

施蕴渝也是此时（1970 年 2 月）从卫生部中医研究院调到中科大来的。她是陈惠然的家属，属随迁性质。来了之后，她先是参与搬运物理系生物物理专业从北京装箱托运来的物资，然后到科大附小教书，再后到物理系生物物理专业做助教。

1970 年，随中科大迁到合肥来的教职工和学生有近 3000 人。学校仍由工、军宣队管理，只是由首都的工、军宣队变成了安徽省的工、军宣队。在新的政治运动中，一些前些年的批判运动的组织者也成为批判对象，大家参加政治运动的热情渐渐冷却下来。

多年不上课，也基本上没有开展科研，那些有幸没有成为运动对象的老师做什么呢？工、军宣队做出的安排是：除少量留守人员外，让其他老师和“老五届”的学生一起，分别去淮南煤矿、马鞍山钢铁公司、铜陵铜矿、白湖农场等地接受工农兵再教育。陈惠然回忆他和物理系的同事去淮南煤矿下井挖煤时的情形：

---

① 丁兆君，柯资能．中国科学技术大学南迁合肥的背景与动因浅析[J]．科学文化评论，2015（1）：69-83．

② 1973 年 3 月，经国务院批准，中科大改为安徽省和中科院双重领导，以安徽省为主。1975 年 9 月，经国务院批准，中科大改为中科院和安徽省双重领导，以中科院为主。

我们的工作是挖煤。先一个个在更衣室脱得光光的，把衣服捆成一捆放在那儿，然后穿上工作服，下到200米深的矿井中。每次都是上午下去，下午四五点钟才回来。中午没人去底下送饭，所以没中饭可吃，得饿几个小时。下过几次后，我们就知道早饭得吃饱一点，否则挨不过来。出来的时候，大家全身黑乎乎的，都是煤黑子，你不认识我，我不认识你。更衣室旁边有个池子，就在那里洗一下再穿衣服。洗完后，池子里的水黑如墨汁，还漂着一层黑油。洗不干净的，也没个地方给你冲一冲，根本没这条件。

不但不能从事专业工作，提升自己的业务水平，也无法提高生活品质，反而要"工农化"，当时的中科大人和其他机构的知识分子一样，处在难言的精神和肉体的痛苦之中。

2.3 招收工农兵学员和进修生

大学不再招生、大学老师无业务工作可做的情况在缓慢地发生着变化。

1968年7月21日，毛主席为《人民日报》发表的《从上海机床厂看培养工程技术人员的道路》的调查报告写了一段编者按："大学还是要办的，我这里主要说的是理工科大学还要办，但学制要缩短，教育要革命，要无产阶级政治挂帅，走上海机床厂从工人中培养技术人员的道路。要从有实践经验的工人农民中间选拔学生，到学校学几年以后，又回到生产实践中去。"根据这个"七二一指示"，1968年9月，上海机床厂创办了"七二一工人大学"，学制两年，学生毕业后仍回厂工作。此后，"七二一大学"模式逐步向上海市以及全国的工厂企业推广。改革开放后，经过整顿，各地的"七二一大学"大多改为技校、业余大学、职工大学等。

既然"理工科大学还要办"，又不能按之前的方式来办，那么，该怎么办呢？1970年6月27日，中央批转了《北京大学、清华大学关于招生(试点)的请示报告》，同意北京大学、清华大学等高校作为试点开始招生。该文件提出的招生条件为：政治思想好，身体健康，具有3年以上实践经验，年龄在20岁左右，相当于初中以上文化程度的工人、贫下中农、解放军战士和青年干部，包括"上山下乡"和回乡的知识青年。学制为2至3年。学习内容为：以毛主席著作为基本教材的政治课，实行教学、科研、生产三结合的业务课，以备战为内容的军事体育课，各科学生都要参加生产劳动。选拔招生办法为：群众推荐、领导批准和学校复审相结合。分配方式为:学习期满后,原则上回原单位、原地区工作,也有一部分根据国家需要统一分配。当年下半年,北京大学、清华大学就开始按这种模式来招生,所招学生被称为工农兵学员。

于是,从1972年起,全国各高校普遍开始招收工农兵学员。很多学生都想利用这难得的机会从老师那里好好地学习现代知识,很多老师也很想做好本职工作,把自己的知识和心得教给年轻人。

1972年5月,在安徽省和三机部的指导下,中科大也招收了首届539名工农兵学员,并将他们分到18个专业学习[①]。当时全校共有20个专业,其中有两个专业没有招生。而生物物理专业就是这两个没有招生的专业之一。在随后几年,中科大又招收了四届工农兵学员。从1972至1976年,中科大共招收了约2200名工农兵学员。

在招收第一届工农兵学员后,中科大又发生了一件重要的事情——招收进修生,举办师资培训班。中科大的师资在建校初完全依靠中科院各研究所,随后几年陆续从各高校分配来一批毕业生作为教师,1963—1965年,从本校毕业生中留下了几百人作为教师。1970年,学校南迁到合肥,各研究所的兼职老师基本没跟来;而来合肥的老师后来又有一些人调回了北京,仍留在合肥的主要是一些"老三届"留校生和难以回北京的老师。随着学生的增加,中科大师资紧缺的问题凸显了出来,必须设法解决。1972年9月复出、担任中科大党委书记兼革委会主任的刘达对此忧心忡忡。经讨论,他们决定,在设法从校外调进一批有一定理论基础和实践能力的人进来充当教师的同时,举办教师进修班(俗称"回炉班"),将那些因"文革"而没能接受完整的大学教育的毕业生(主要是中科大1963级、1964级、1965级的毕业生)重新召回来,集中培训(重点补习数、理、化等基础知识)一年或一年半后,补充进教师队伍。1973年3月、11月,两届教师进修班先后开学,先后有149名毕业生经"回炉"而补充进中科大的教师队伍[②]。他们和"老三届"毕业生一道,成了学校教师的主力,为学校后来的发展奠定了重要的基础。生物物理专业1964级的陈霖通过这个方式重新回到了中科大。

总的说来,搬到合肥之后,中科大开始了艰难的"断奶"过程。在极其困难的情况下,通过招收工农兵学员,尤其是举办"回炉班",重建教师队伍,重新开始了创业。

---

① 朱清时. 中国科学技术大学编年史稿[M]. 合肥:中国科学技术大学出版社, 2008:126.

② 朱清时. 中国科学技术大学编年史稿[M]. 合肥:中国科学技术大学出版社, 2008:134-135.

刘达书记

2.4 在逆境中依然出人才

当时各系都实施军事化管理，以前的生物物理教研室变成了生物物理专业连队，由1960级的陈惠然任专业委员会主任，1959级的包承远任副主任，1958级的孔宪惠任书记。由于他们自身缺乏教学经验，而庄鼎、顾凡及等较为资深的老师在北京进修或搞合作研究，他们没敢在1972年招生，而是多准备一年之后，才于1973年招生(14人)，1974年停招一年，1975年又招了一届(15人)。在"文革"期间，生物物理专业连队总共招收了两届共29名工农兵学员。

关于如何招收和培养学生，当时的政策有很多明确的规定，他们不可能突破这些规定。譬如，所有的学生都是地方选送过来的，专业连队并无多少拒绝的权利。据当事人回忆，当年物理系只是因为存在不良档案记录等原因而退回

陈惠然（左）和孔宪惠（右）（1976年11月25日）

了两三个学生[①]。由于政策规定相当于初中文化的人就可以来上学，所以所谓的“学校复审”，看的根本不是摸底考试时学生的成绩，而只是看他们在政治、道德、纪律、身体等方面是否存在问题。再如，当时的学制是3年，有1975级学员想多学些知识，向学校建议将学制改为4年或4年以上，据说中科大也向上级打了报告，但未获批准，学校也没法做改变，只是容许一些1975级学员多在校学习了几个月[②]。还如，政策要求“开门办学”，要求学生“学工”“学农”“学军”，他们也只能带学生去工厂、农场、部队实习或受训。

专业连队只能在政策框架内行事。陈惠然主任回忆他们培养工农兵学员的思路和措施：

> 工农兵学员的学制只有3年共6学期，该怎么来培养呢？我们是这么安排的：第一个学期补齐高中的课。学生连函数、三角、级数这概念都不知道，你上来就讲微积分，他们怎么听得懂？不懂微积分，他们

① 据笔者对陈惠然高级工程师的访谈（2018年3月6日）及高习习对董赛教授的访谈（2016年12月9日）。

② 据高习习对董赛教授的访谈（2016年12月9日）。

又怎么能学普通物理？所以这学期老师们自己编讲义，把他们的数理化补到能衔接大学课程的程度。接下来用3个学期学数、理、化、电——我们生物物理专业的四大基础课。我们当年数、理、化、电要学3年，第4年才进入专业课，现在没办法，只能在3个学期内，让他们学完过去我们在北京学了3年的东西。第5个学期就学专业课。咱们过去的传统是最后一年去科学院的研究所做毕业论文，但是那时候哪还能去科学院？所以第六学期我们就“开门办学”，到社会上去找实习单位。①

在他们培养的29名工农兵学员中，后来有相当比例的人成了科技人才，不仅出了不少学科带头人（如中科院遗传研究所前副所长邓燕华、国家“千人计划”入选者张荣光、中科大前生物系副主任崔涛、中科大生命科学学院前副院长滕脉坤、上海大学生命科学学院特聘教授吉永华），还有一位成为了中科院院士（饶子和）②。对高校而言，在顺境中出人才是理所当然的事，在逆境中依然能出人才，这是值得关注的现象，个中原因值得探讨。

究竟生物物理专业连队在工农兵学员培养方面有哪些与众不同之处呢？总结起来，大致有如下几点：

第一，生源不错。学生数量不多，主要来自江苏、安徽、上海、北京等教育质量较好的地方。学生在被选拔前大多经过了考试（虽然并非全国或全省的统一考试），大多达到了高中毕业程度。他们年纪很轻，就成为了各地“有头有脸”的人物，“脑袋瓜子不笨，工作经验比较丰富，能力很强”③。

第二，课程体系依然重而紧。专业连队由“老三届”学生当家，他们还没机会做多少科学研究，在教专业课方面难免经验不足，但他们在数、理、化、电等基础课方面受过严格的训练，知道这些基础课的重要性，在设计培养方案时依然十分重视这些课程，并从数、理、化、电等原基础课教研室请来了一批不错的教师来授课。他们给同学们排了很多的课，安排依然很紧，虽然限于课时量，课程内容不可能像“文革”前后那么深，但和同时期其他高校给工农兵学员设置的课程相比，还是深入的。

第三，老师敢于严格要求学生。将原本要学3年的基础课内容压成3个学期的课程灌输给学生，这对老师而言是一件难事，对学生而言是一件苦事。那些基础原本不够好的学生愿意吃这种“压缩饼干”吗？吃的效果如何？为防止

① 据笔者对陈惠然高级工程师的访谈（2018年3月6日）。

② 若加上一道听课的其他专业的同学，则中科大物理系1973级工农兵学员中出了两位中科院院士——饶子和、沈保根。

③ 据笔者对滕脉坤教授的访谈（2017年1月13日）。

学生投机取巧，生物物理专业连队的老师坚持要进行考试。学生们也曾抗议过，可由于老师坚持，最后的妥协结果是："考还是考，但次数减少。"[①]为什么其他地方的老师被学生考，而这里的老师敢考学生呢？因为他们也年轻，出身普遍很好，表现也不错，是党培养起来的，不是什么"反动学术权威"，并不害怕学生。

第四，政治运动很少。课程"重、紧、深"，要求还严，学生竭尽全力学习，"经常挑灯夜读，互相交流讨论，不到晚上十一二点是不会关灯睡觉的"[②]。学习这么忙，也就没时间、精力去搞什么政治运动了。尽管也有要表态、要写大字报的时候，但学生对此并不积极主动。

第五，学生有明确的前途。生物物理专业连队的工农兵学员从来没有"社来社去"的想法，他们知道自己将被分配工作，而且很可能是在科研机构或高等院校。他们珍惜自己的前途，学习起来很有动力。后来他们大多被分到了中科院系统，得到了很多研究和出国进修的机会，那些天赋好而又努力的人，当然也就较易成才。

招生、教学给老师们也带来了一些益处。

工农兵学员修了三类课程。第一类是中学基础课，授课老师是顾凡及（数学）、陈霖（数学）、施蕴渝（物理）、张玉民（物理）等。第二类是大学基础课，授课老师是顾凡及（数学）、陈霖（数学）、张玉民（物理学）、张作生（电工电子学）、陆明刚（无机化学）、陈佳莹（有机化学）、黄复华（物理化学）、尹方（分析化学）等。第三类是专业基础课及专业课，授课老师是孙玉温（普通生理学）、王贤舜（生物化学）、施蕴渝（生物化学）、陈惠然（生物电子学）、钟龙云（生物电子学）、寿天德（神经生理学）、黄婉治（生物光谱学）、包承远（晶体学）、蔡志旭（遗传学和解剖学）、雷少琼（同位素的应用）、孙家美（组织学切片）等。由于专业方面的课程总共只上了一学期，所以上面提到的课程都没有足够的课时。

张玉民、张作生、陆明刚、黄复华、尹方这些来自外系或外专业的老师姑且不论，也不论蔡志旭、雷少琼、孙家美、王贤舜等前生物物理系的老师，单论寿天德、陈惠然、施蕴渝、黄婉治等初拿教鞭的"老三届"毕业生，这段教学经历无疑对他们的业务水平的提高有促进作用。自己弄懂和在很短的时间内把学生教懂，所需要的对知识的掌握程度，无论是在深入程度、熟练程度方面，还是在系统性方面，都是不可同日而语的。即使出现解释不清、被学生问住、闹得面红耳赤的情况，对他们自身的成长也有帮助。

大学不仅是传授知识的地方，还是创造知识的地方。为了加大教学深度、

---

① 据笔者对滕脉坤教授的访谈（2017年1月13日）。

② 据笔者对滕脉坤教授的访谈（2017年1月13日）。

提高教学水平，老师需要做研究；而学生的提问、自己的备课，也会促使他们思考一些问题，并主动去探索那些问题。探索需要条件，需要熟悉学术前沿知识、掌握研究方法，那些暂时没课的老师开始设法去中科院的研究所进修，或与别的科研教学机构开展一些合作研究。譬如，“文革”后期，寿天德曾去中科院上海生理所进修，黄婉治、蒋巧云、施蕴渝曾去生物物理所进修，寿天德、孙玉温、陈惠然等还开展了耳根环麻醉方面的研究。这些活动对他们业务水平的提升也有很大的促进作用。

1958—1977 年，是仅有生物物理专业的 20 年。这 20 年中，中科大生命科学的主要成果是把厚基础、宽口径的教学传统给建立和接续了下来，并通过卓有成效的教学，培养了一批包括 6 位中科院院士在内的优秀人才。

第3章
生物学系时期

以1977年恢复高考和创建中科大研究生院为标志，中国的高等教育进入了拨乱反正、开拓创新的新阶段，而中科大在其中起了改革排头兵的作用。中科大之所以能够如此，与她的上级机构中科院历来比较开明，她具有的危机意识、一贯的风格与特点以及一些机缘有关。

3.1 中科院率先推出系列教育改革措施

科学是没有国界的，它的进步建立在开放、共享的基础之上。不同国家、不同种族、不同地位、不同性别的科学爱好者从不同的方向攀登科学高峰、探索自然的奥秘，并将排除万难而求得的真知快速、无私地共享出来，所竞争的不过是对问题所解释的深入、贴切程度和谁先发表更优的认识而已。这就使得以研究科学、探索真知为己任的中科院等这类机构具备开明、创新等较为独特的精神气质。

早在1975年10月23日，中科大就应中科院领导的要求，拟出了《关于中国科学技术大学几个问题的请示报告》初稿，就中科大的人才培养目标、招生对象与要求、学制与规模、开展教育革命、搞好科学研究、试办理科中学及教师队伍建设等7个方面，对学校未来的发展做出了全面规划，包括学校主要招普通班，学制为4年，招生对象为应届高中毕业生，通过"文化考察、学校全面考查复核、择优录取"等程序来选拔学生等。这些招生和办学观念冲破了"文革"时期关于高等教育的思想牢笼，大受有识之士的欢迎，产生了很大的冲击力。遗憾的是，很快这些观念遭到了猛烈批判，并未能得到推行。[①]

1977年8月1日，中科大武汝扬等数十位领导和专家从合肥到达北京，准

① 朱清时．中国科学技术大学编年史稿[M]．合肥：中国科学技术大学出版社，2008：158-159．

备参加于8月5日正式开始的中科大工作会议。从8月2日下午起，贾志斌、任知恕、包忠谋等中科大的领导和专家和李昌、郁文、严济慈、甘重斗等中科院的领导，围绕新形势下学校的发展方向问题展开了深入的讨论。中科大的领导和专家再次提出了恢复高考、恢复研究生制度、恢复校长制等设想。他们不知道，刚刚复出的邓小平自告奋勇出来管科技、教育，已委托中科院和教育部主持召开科教工作座谈会，中科院召开中科大工作会议正是为此做准备。

8月4日，科教工作座谈会正式召开，出席会议的包括中科院的15位科学家，高教系统的13位教师，分别来自中国农林科学院和中国医学科学院的2位专家和科学界、教育界的几位领导，一共30多人。会议开始后，邓小平一直认真倾听大家的发言。8月6日下午，武汉大学的查全性首先慷慨陈词，指出现有的招生制度存在埋没人才、工农子弟很难上大学、败坏社会风气、严重影响中小学生和教师的积极性等四大严重弊端，必须大改，而且应当在今年当机立断地改，否则又关系到一二十万考生的质量问题，只有建立全国统一的报考招生制度，才能保证今年将要录取的新生的质量。尽管教育部长刘西尧表示今年改来不及，因为招生工作会议已开过了，但查全性的建议仍得到了其他与会专家的大力支持。邓小平当即拍板，要求教育部把不久前根据"自愿报名、群众推荐、领导批准、学校审查"的方针而形成的招生报告收回，根据大家的意见重新修改，在今年就恢复高考。中科大的教师代表随即提出，可以考虑把招生方针改为："自愿报考、领导批准、严格考试、择优录取"。邓小平说，可以取这4句话中的3/4，而把"领导批准"拿掉。根据邓小平的讲话精神，8月13日—9月25日，1977年的第二次全国高等学校招生工作会议在北京召开。在邓小平的督促下，会议制定了《关于1977年高等学校招生工作的意见》，提出1977年的高等学校招生恢复统一考试，采取择优录取的办法。10月12日，国务院批准了这个文件。就这样，经专家建议和邓小平拍板支持，被取消了11年之久的高考制度在1977年第四季度终于得以恢复。①

8月8日—12日，中科院继续召开中科大工作会议，议题变为如何贯彻落实邓小平在科教会议上的讲话精神。会议决定，立即起草两份报告给中央。9月5日、10日，中科院先后向国务院呈交了《关于中国科学技术大学的几个问题的报告》《关于招收研究生的请示报告》。

第一个报告提出了关于中科大的7条意见，包括采取"自愿报名、严格考核、政治审查、择优录取"方式招考德、智、体全面发展的优秀高中毕业生，学制5年；加强基础课教学；在北京设立中科大研究生院；学校的规模拟定为本科生5000人，研究生1000人；继续贯彻"全院办校，所系结合"方针，把中科大建成

① 王扬宗．中国当代科学的历史研究刍议[J]．中国科技史杂志．2007(4)：376-385.

一个能够独立进行高水平教学和科研的重点大学等。第二个报告提出了中科院招收、培养研究生的具体办法，包括对培养目标、学制、招收、培养、待遇、分配等的规定。这两个报告迅速得到邓小平、方毅等中央领导的批准。中央一度还希望中科大能率先恢复全国招生，实际操作时发现一个学校单独在全国招生很困难，最终未能实行。

科教工作座谈会、中科大工作会议和中央批准科学院的相关报告，是中央"拨乱反正"战略部署中的一个重要环节；不仅给中科院和中科大的发展注入生机，还令她们成为了全国教育领域"拨乱反正"的旗帜，对全国教育事业的发展起到了非常重要的前导作用，在全国产生了重大影响。而中科院之所以被选为教育改革的排头兵，主要是因为它的领导人相对比较开明，在两年前即做过成效显著的整顿工作，打下了相对较好的基础，而且她只主管中科大一所高校，船小好调头。

3.2　中科大的第二次崛起

1975 年 9 月 26 日，邓小平特别指示"科学院要把科技大学办好"[①]。1977 年 8 月 19 日，新华社又以《一定要办好中国科技大学》这句有点像誓言的话作为报道的标题，在全国人民面前说出了这个所有中科大人的心愿[②]。问题是：如何才能办好中科大？

一个很自然的想法是，让中科大回到北京，继续按以前的方针来办学。以前提出的"全院办校，所系结合"的方针是行之有效的，只经过短短的几年，中科大就成长为全国最优秀的大学之一。若中科大还留在合肥，以当时的交通能力，是不可能再像以前一样，由中科院京区研究所来与中科大各系结合的。

于是中科大人想了各种办法花了数年时间试图把学校搬回北京。可由于当时有国家领导人主张已迁移的高校就留在本地办学，再加上中科大在北京的原校址被海军七院论证部和 1973 年成立的中科院高能物理研究所占用，中科大又没钱在北京征地盖新校舍，结果没能如愿。

那就只能在当时近乎农村的合肥办学。远离中科院，远离首都，仪器设备

① 中共中央文献编辑委员会. 邓小平文选：第 2 卷[M]. 北京：人民出版社，1994：32-34.

② 新华社. 一定要办好中国科技大学[N]. 人民日报，1977-8-19.

因搬迁损失 2/3 以上[①]，资深教师也多半流失，这所曾经的名校面临生死存亡的境地！如何才能不沦落为地方院校，如何才能重新变成全国领先，这个极其困难的问题摆在了中科大没怎么做过科研的以年轻人为主的教职员工面前。

1. 以举办少年班等改革措施吸引好生源

1974 年 5 月，李政道给中央上报了一份建议，提出“理科人才也可以像文艺、体育那样从小培养”，可以参考招收和培训芭蕾舞演员的办法，从全国选拔少数十三四岁的有培养前途的少年到大学培训。此建议得到了中央领导的赞同，虽然没有立即实施，但给一些领导人留下了深刻印象。“文革”结束后，面对严重的人才断层，人们迫切希望国家能用超常的方式快速培养出优秀人才。1977 年 10 月 20 日，江西冶金学院教师倪霖给方毅副总理写信，推荐 13 岁的智力超常少年宁铂。与此同时，中央、中科院、中科大也收到不少来自全国各地的推荐少年英才、早慧儿童的信。11 月 3 日，方毅对倪霖的信作出批示：“请科技大学去了解一下，如属实，应破格收入大学学习。”[②]

此时要不要尝试自主招生、破格录取？这是一个有点棘手的问题。中科大的选择是，把方副总理的指示当成机遇，积极应对，派精干教师去各地寻找、考核优秀少年。最后，有 21 位平均年龄只 14 岁（最小的只 11 岁）的少年被中科大破格录取。1978 年 3 月 8 日，中国第一个少年班在中科大正式成立。

从 1978 年 2 月 7 日起，包括《人民日报》在内的多家媒体对中科大开办少年班一事进行了广泛报导，1978 年中央新闻电影制片厂还专程来中科大拍摄了纪录片《少年大学生》并在全国公映。这些报道在国内外引起了巨大反响，不但对推动广大青少年学习科学文化知识起了很好的促进作用，还在客观上促使他们特别向往中科大。很多学生和家长并不知道中科大已经搬到了合肥，还是视中科大为学习科学技术、出科学技术人才、“向科学技术进军”的圣地。

少年班不但是中科大的名片之一，还在社会上掀起了一股“神童教育”的热潮。1984 年 8 月 16 日，邓小平在会见诺贝尔物理学奖得主丁肇中时，对中科大少年班作出较高评价，说少年班很见效，也是破格提拔，其他几个大学都应办少年班。1985 年，教育部决定扩大少年班试点，北京大学、清华大学、复旦大学、上海交通大学、浙江大学、西安交通大学等 12 所高校也相继开办了少年班。

中科大对这些早慧少年实行因材施教、宽口径的通识教育。前面两三年不

---

① 丁兆君，柯资能. 中国科学技术大学南迁合肥的背景与动因浅析[J]. 科学文化评论，2015(1)：69-83.

② 朱清时. 中国科学技术大学编年史稿[M]. 合肥：中国科学技术大学出版社，2008：173.

分系科，进行强化的基础教学，然后，让他们根据自己的兴趣到各系接受相关的专业教育，而且容许他们调换系科和专业。除细致照顾他们的日常生活和学习的班主任外，学校还聘请了一批杰出教师担任他们的学业指导老师（即“学导”）。学导根据学生的特点和个性，指导他们进行个性化的专业、课程选择和学习计划制订，帮助他们掌握学科的最新动态以及选择合适的科研课题。通过教学与科研相结合，着重培养其创新精神、创业能力。实践表明，这套培养方式是相当成功的。据1978级少年班学员周逸峰介绍，光他们一个班，就出了微软公司全球副总裁张亚勤、德意志银行中国行长高峰、清华大学讲席教授翁振宇、“纳米博士”秦禄昌、“李光耀顶尖科研奖”获得者谢旻、清华紫光总裁郭元林、美国物理学会会员王海林等众多优秀人才[①]。

1985年，在总结少年班办学经验、教训的基础上，中科大又针对高考成绩优异、年龄相对较小（譬如在高中二年级时就提前参加高考）的学生，依少年班模式开办了“教学改革试点班”（又称“00班”，即不分专业的强化班），让他们和少年班同学在一起上课、一起生活、一起接受管理，相互取长补短。实践表明，这种尝试也很成功。由于十六七岁的青年较十三四岁的少年心智更为成熟，这种模式更容易推广开来。现在，全国许多著名高校都办有这类试点班，虽然名称不一致，但它们实施的都是宽口径的通识教育。

中科大少年班的一个重要特点是允许学生自由转专业、转系。这是一个对学生极为有利的改革措施。中学生受高考所限，视野没有打开，对大量的学科、领域均缺乏了解，也就不太知道自己的兴趣和长处所在。高考时懵懵懂懂地填了几个专业，之后阴差阳错地被录取或调剂到某个专业，然后他就要终身在这个方向工作？上了大学，听了多种课程、讲座、报告，读了各种书籍，做过多种实验、实习、练习，对自己有更全面的了解之后再选定专业，肯定要合适得多。在最心仪的专业学习，其效果也肯定要好得多。1983年前后，中科大决定按系来招生，让学生到系里学习一段时间后再选择专业。1984年前后，又允许无挂科的学生在大学一年级结束后自由转系。后来又允许二年级结束后再转系。这是一项了不起的改革，在扩大学生选择范围的同时，对计划经济、计划教育的成规俗套有了重大突破，但这可能导致某些专业、某些系招不到学生，对学校管理构成诸多不便。笔者曾向当年主管中科大教学工作的副校长辛厚文请教这项改革是否遇到过阻力。他说，他们只是向中科院教育局作了口头汇报，然后就定了下来，没有向教育部请示。当然教育部后来是知道此事的，但他们也乐观其成，未予阻止。有前来参观的高校校长对此羡慕不已，但表示他们没法做到，因为全国只有中科大这么一所特别重视基础教育、不同系和专业第一年课程基

① 据笔者对周逸峰研究员的访谈（2018年1月15日）。

本一致的高校[①]。这项改革措施一直沿用至今,成为了中科大最吸引学生的地方之一。

在中科大上学,还是出国留学的一条捷径。这也是特别吸引优秀学生报考中科大的一个原因。事情得从1980年李政道发起中美联合招考物理研究生项目(CUSPEA)说起。在这次考试以及随后8年的考试中,经常是中科大的学生考第一,且在全部录取的918名研究生中,中科大学生为237名,占全部人数的25.8%,居全国高校之首。在随后吴瑞发起的中美联合招考生物化学研究生项目(CUSBEA)中,也是类似的情况。不仅如此,这些中科大学生到美国后,考试成绩在班上也经常是远超其他同学,这一切令中科大学生在国外很受欢迎。中科大研究生院还是最早开展"自费留学"(其实当时绝大部分学生是依靠美国大学提供的奖学金而留学的)的机构。即使没能通过国家组织的公费出国考试,中科大的学生也能利用学校在国际上的影响力而获得更多的出国机会。

2. 开放办学

吸引到全国最优秀的学生给中科大的老师和领导造成不小的压力,必须努力请最好的老师来授课,而且,更重要的是大力提升已有师资的水平。

在北京办学时,中科大教师队伍的主体是中科院京区各研究所的科研人员,这批高水平的兼职师资大多没有随学校迁移。南迁合肥之后,中科大从外单位调来一批教师,用"回炉班"训练了一批教师,逐渐形成了一支以留校工作的中科大1958级、1959级、1960级、1962级、1963级、1964级、1965级毕业生为主体的十分年轻的教师队伍。这些人虽然受过较好的基础训练,但大多还没有做过研究工作,综合水平和国内领先高校同期毕业留校生相比只是大致相当;与1958—1965年间他们自己的老师相比,则还有不小的差距。如何提升他们的水平呢?

中科大想到的办法是,大量选派教师出国进修。"只要外方能够提供足够的资助,教师安排好教学工作后,学校鼓励其出国进修1—2年提高业务水平。"[②]与教育部所属高校相比,中科大的一个优势是,除利用教育部公派项目外,还能获得中科院那些在国际上有影响的专家的推荐,尤其是能利用中科院的公派项目。于是,从1979年5月至1982年年底,中科大先后选派了200余名优秀青年教师赴欧美进修、访问,且时间通常长达2年。1981年夏天,学校又从1977级毕业生中选拔了30多名优秀学生出国攻读博士学位。这些中科

① 据笔者对中科大前副校长辛厚文的访谈(2018年6月28日、7月12日)。

② 寿天德.为了生物系的发展.

大的访问学者和留学师资在国外普遍十分努力，深受国外机构的欢迎。那些机构纷纷要求他们在回国前推荐替代者，他们又把自己的同事或学生推荐了过去，这进一步促进了中科大师资的出国进修、留学活动。据统计，20 世纪 80 年代，中科大先后派出教师 1000 多人次，到 19 个国家进修、访问、讲学，其中不少人在国外取得了优异成绩，而且 85% 以上的出国教师都学成回国。这些人到国际科学前沿更新了自己的知识、技术储备，提升了自己的研究水平，把一些最新的学科领域、科研题目、科研方法引回了国内，迅速成为了国家在某领域的学科带头人。此时中科大教师的平均水平，开始超出一些国内著名高校中那些没机会出国进修、留学的同行。

中科大老师的出国比例之所以能够很高，还有一个重要原因是中科大招收的学生特别少。从 1977 年至 1994 年，中科大每年只招收几百名学生，其中有 6 年每年只招 500 多位。这不仅使中科大所招的都是各省最顶尖的学生，还使得中科大每年能有一半老师出国进修。教育部曾抱怨中科大师生比太大，要求中科大多招一些学生，可中科大为了方便老师出国进修以提升他们的水平，仍然坚持这样做。

在大量派遣教师去国外学习的同时，中科大还通过各种渠道邀请高水平的科学家到校访问讲学，其中，杨振宁、李政道、丁肇中、李远哲、吴健雄、袁家骝、陈省身、任之恭、萨拉姆等到校讲学的国际著名科学家还被学校聘为名誉教授、客座教授或被授予名誉博士学位。1980 年年初，经过多次接触和交流，中科大与美国马里兰大学签署了校际合作交流协议备忘录。从那以后，在短短的五六年时间里，中科大又与美国、日本、英国、法国等国的许多著名大学建立了合作关系。1984—1986 年，来校访问、讲学和开展合作研究的外籍专家平均每年达到 200 多名。换句话说，平均每 3 天就会有两位外籍专家来中科大，频率之高，国内罕有其匹，而且中科大还总会找尽量多的机会让他们分享自己的最新收获。

虽然不及以前方便了，中科大与中科院的“所系结合”仍在继续进行。其方式包括：① 继续与北京的研究所合作：中科大在原玉泉路校区南院成立北京教学管理处，负责组织高年级学生到北京进行后期教学(包括请研究所的科学家来给学生开课，学生到各研究所去实习、做毕业论文等)，规模为 2000 人。② 与合肥的研究所合作：让中科院在合肥新建一些研究所，中科大与这些所进行“所系结合”。③ 与其他地方的研究所合作：1981 年 6 月，中科大就合作科研、合作培养人才、仪器共享等问题与距离较近的上海分院、合肥分院、南京分院签订了合作协议，请 3 个分院的科研人员到学校来兼课，并与上海光机所、上海原子核所、紫金山天文台、南京地理所等研究所联合招收、共同培养研究生。通过采取这些措施，中科大仍能在周末和假期等时间，把中科院在北京、上海、南京等地的优秀研究人员请来给同学们上课。

在那些历史悠久的高校中，年轻教师往往和自己著名的师长同处一个系，这在让他们在获得一些资源的同时，往往也使他们不够独立。中科大偏处一隅，年轻老师在学校当家，成为系、教研室的顶梁柱，在缺乏老师带来的资源的同时，却也令他们更加独立、更加自由。两种处境各有利弊，总的说来，还是后一种情况更利于年轻人成长。

以上诸多因素，使得中科大有了一支越来越好的师资队伍。

3. 办学改革

与外界频繁而深入地接触大大拓展了中科大人的眼界，对于如何办好中科大，他们有了越来越成熟的想法。他们广开言路，从善如流，开展了办学改革。

他们认为，失言往往是嘉言的先导，明确提出“言者有功”“保护失言者”，鼓励广大师生员工畅所欲言，以主人翁的姿态对学校的各种事务发表意见，把自己的智慧贡献出来。学校的各种事务，谁有意见都可以大声地说，不少批评与建议还可刊登到作为学校公共平台的校刊上。

为了避免“让司令员去做排长的事”，让广大师生真正享有参与校政管理的权利，他们探索了多种横向分权和纵向分权的路子。学校建立以教授为主体的学术委员会、学位委员会、教师技术职务评定委员会。对于全校科研项目的审定、科研经费的分配、各种学位的评授、教师技术职务的评定等，这些委员会都有充分的发言权。不同的校领导和委员会，各有各的权力，各司其职，各行其权，相互制约，有条不紊。因为中科大是一所年轻的学校，校、处、系负责人与教师多为20世纪五六十年代的中科大同学，谁都不好摆领导架子，所以，中科大教师之间有很浓的平等氛围，普通教师愿意就许多问题发表意见，而校、处、系负责人也乐意听取或不得不听取。

中科大还实行了系主任负责制。系主任有权确定授予初级技术职务的人员名单，并有权推荐授予中、高级技术职务的人员名单；有权支配本系的教学、行政经费和国家投资的重点学科实验室建设项目经费……

学校实行校务活动公开化。开校长办公会议，教职工可以去旁听。一年举行一次教职工代表大会，由校领导向教职工报告当年工作，并公开今后若干年全校的大政方针。教职工还会在会议期间提交数以百计的咨询校政的提案，校领导必须对此作出回答。而学生代表大会则是同学们了解校政、校领导征求民意的又一条渠道。对于学生们关心的各种问题，学校的有关领导必须给予解答；对于学生们的建设性意见，有关部门还被要求在一周之内把采纳情况直接反馈回去。除此之外，校领导及其他有关部门的领导还参加群众自发组织的青年教师俱乐部和中老年教师俱乐部，在那儿作为普通一员和大家平等交流。

这些举措是符合中央简政放权、扩大学校办学自主权的教育体制改革精神的，在短短的一两年时间内，就使得科大形成了锐意探究、纵智论争的风气，即便是年轻的本科生、研究生、助教，也无不意气风发，进而令中科大科研成果迭出，成为了学术自由的“乐土”、全国最有活力的高校之一。

4. 其他改革措施

20 世纪 80 年代，中科大还提出其他多种改革方案，包括在全国率先提出并实施专业结构调整和改造，先后成立自然科学史研究室、系统科学与管理系、科技管理与科技情报系、管理学院等，使学校当时以理科为主的学科结构调整为理工结合、兼有文管的综合性学科结构。学校还进行了“4＋2＋3（学士、硕士、博士）分流培养”试点，将高等教育的 3 个层次通盘考虑，针对学生的兴趣、能力等方面的不同情况，对学生进行分流培养，以提高培养质量，缩短培养周期。这是后来国内高校推行“本硕连读”“硕博连读”的先声。与此同时，中科大还在国内较早试行学分制，实行免修、选修、主辅修、双学位等措施；试行导师制，允许对拔尖学生单独拟订培养计划；鼓励学有余力的学生尽早参加科研活动，建立学生科研专项经费，开放部分实验室供学生使用，等等。

这些措施是校、系、教研室负责人，教授，副教授，部门负责人等在遇到问题后群策群力想出来的，由于大家背景一致，很容易达成共识，然后学校自行决定进行实践，试行一两年，成功之后再报中科院或教育部。于是中科大成了多项教育改革的先锋。

5. 重新崛起

在进行上述一系列改革创新的同时，学校在硬件建设方面也取得了不少成绩。1984 年，经严济慈校长上书，邓小平批示：“据我了解，科技大学办得较好，年轻人才较多，应予扶持。”中科大被国务院批准列为“七五”期间国家重点建设的 10 所高校之一。经过几年的建设，截至 1988 年年底，中科大校园面积扩大近一倍，建筑面积已由迁址合肥时的 6 万平方米增至 51 万余平方米，设备先进、性能优越的校园计算机网络建成并投入运行，到 20 世纪 90 年代又建成了国家同步辐射实验室、火灾科学国家重点实验室以及结构分析、选键化学等中科院开放研究实验室等。

学校的这些进步是有目共睹的，虽然它已远离首都、远离中科院大部分研究所，但每年仍吸引了大量优秀的高中毕业生报考，录取线再次高居全国榜首，很多省市的理科高考状元在填报志愿时首选中科大。因招生数量很少,录取的学生普遍十分优秀,同学之间的竞争压力很大,大家普遍十分努力,“遍历”(演算)经典教材和习题集中的所有习题,以解题为乐、为竞赛方式者大有人在[①]。中科大培养出一大批到西方留学的优秀毕业生,并取得了一批重要的科研成果,因此中科大在国外更是声名鹊起。可以毫不夸张地说,经过广大师生员工的努力拼搏、开拓创新,中科大于20世纪80年代重现辉煌,重新归入了中国最优秀的大学行列。

3.3 成立生物学系[②]

1. 独立建系

1977年9月,中央批准《关于中国科学技术大学的几个问题的报告》后,中科大在当月就组建了新一届校党委,结束了工、军宣队对学校长达10年的领导。随即开始根据当时科学技术发展的情况和国家的需要,按照专业面要宽一些的原则,进行专业和系的调整。

1978年1月20日,中科大向中科院党组提交了《关于我校教学科研机构设置方案的请示报告》,提出要取消专业委员会,重建数学教研室、物理教研室、化学教研室,并建立地学系(7系)和生物系(8系)。此请示于同年3月15日得到了中科院的批准。

这在相当大的程度上使科大的教学科研机构恢复到了1964年前的状况。1964年10月,因为国家经济困难,根据中央的压缩、调整政策,中科大将物理教研室、地球物理系、生物物理系和近代物理系合并成物理系。现在国家要发展经济、实现“四个现代化”,需要科学技术有大的发展,而中科大也希望自己有新的发展,所以又让这几个被合并的机构独立出来[③],给它们以更大的发展空间。

至于为什么不叫生物物理系,而叫生物学系,这也很好理解。中科大继续

① 据笔者对20世纪80年代毕业生周丛照(2017年12月19日)、朱学良(2017年12月28日)、胡兵(2017年12月26日)等人的访谈。

② 即生物系。

③ 地学系由原物理系的地球物理专业和原化学系的地球化学专业合并而成。

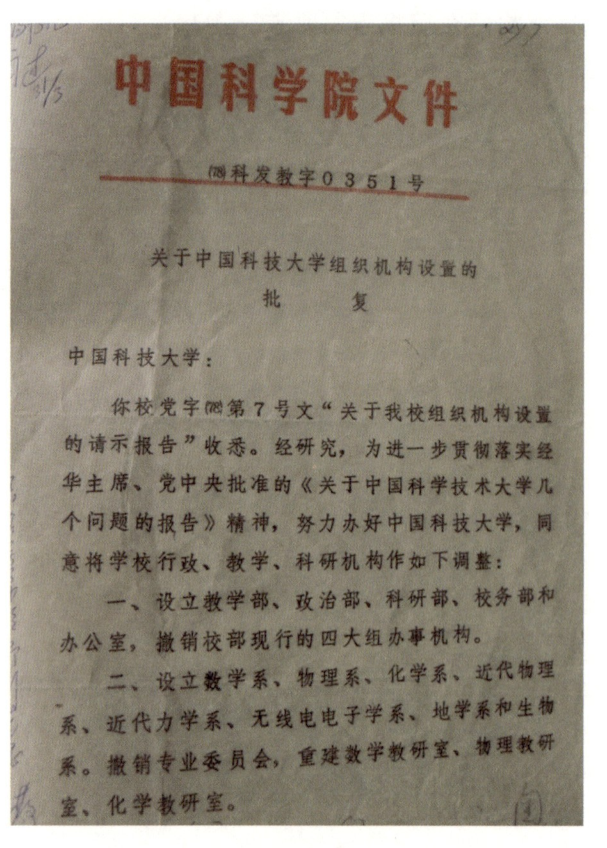

中国科学院文件

(78)科发教字0351号

关于中国科技大学组织机构设置的
批　　复

中国科技大学：

你校党字(78)第7号文“关于我校组织机构设置的请示报告”收悉。经研究，为进一步贯彻落实经华主席、党中央批准的《关于中国科学技术大学几个问题的报告》精神，努力办好中国科技大学，同意将学校行政、教学、科研机构作如下调整：

一、设立教学部、政治部、科研部、校务部和办公室，撤销校部现行的四大组办事机构。

二、设立数学系、物理系、化学系、近代物理系、近代力学系、无线电电子学系、地学系和生物系。撤销专业委员会，重建数学教研室、物理教研室、化学教研室。

中科院批复同意中科大建立生物系等机构(1978年3月15日)

实行“全院办校、所系结合”的方针，在新形势下，生物类专业所结合的研究所不再局限于生物物理所，还包括位于上海的生物化学所、生理所、细胞生物学所等，只有叫生物系才比较适宜。而且，生物物理系的名称显得窄了一些，为了方便毕业生就业，系的名称也宜大一些。

为体现“所系结合”的特色，生物系主任由中科院上海细胞生物所所长庄孝僡兼任，副主任由生物物理所副所长邹承鲁兼任。另外，还任命前生物物理系副主任沈淑敏兼任生物系副主任。因交通不便，这些研究所的领导很难到合肥来。1978年12月4日，中科大党委又任命了生物系实际主持日常工作的班子：由张炳钧、刘兢任系党总支正、副书记，由杨纪珂、孔宪惠任业务副主任，由罗普任办公室主任①。之后2—4年换届一次②，在中科大生物系存在的这20年中，实际主持系里工作较长时间的是寿天德、刘兢和施蕴渝。

寿天德教授

虽然名为生物系，但它开办的是生物化学与分子生物学、细胞生物学和生物物理学与神经生物学这3个专业，与当时高校生物系中通常开设的植物学、动物学、微生物学之类专业迥然有别，而更类似于医科院校基础医学类专业。

2. 师资队伍建设

1977年之后的几年，生物系的师资发生了显著的变化。

首先是调进了一批新人。包括李振刚、徐洵、鲁润龙、顾月华、龚立三③、金用九、王培之、韦安之、严有为、薛鸿、王玉珍、王淳、吴赛玉、邱克文、夏德瑜、赵婉如、孔令芳、张小云、刘瑞芝、潘仁瑞、王元君、陈曾燮、黄雨初、徐耀忠、张达人、薛晋堂、申维明、吴秋英、苏代荣、何景就等。这里面有徐耀忠、张达人、薛晋

① 中国科技大学1978年党委常委会、党委扩大会议纪要. 中国科学技术大学档案馆(1978-WS-Y-3)。

② 详情见附录1。

③ 龚立三(1927—)，生物化学家。广东人，1950年毕业于金陵大学园艺系，1980—1983年任中科大生物系主任，后任华南师范大学分子生物中心教授、主任。

堂等中科大的毕业生，但更多的是毕业于其他院校的人，后者给生物系带来了新的学术思想，但又很快融入了中科大开放、平等、创新的传统之中。其中徐洵于1957年从中国医科大学毕业后留校，一直在该校基础部生物化学教研室从事教学和研究工作，是优秀的生物化学专家，1979年调到中科大生物系，先后创建生物化学实验室与分子生物学实验室。李振刚是北京师范大学生物化学专业的研究生，后被发配到内蒙古。在内蒙古期间他还订阅《遗传学报》，于“文革”结束前夕在《遗传学报》上发表了一篇理论文章①。中科大生物系于1978年把他调了进来。他是很好的遗传学教师，曾任中科大生物系细胞生物学教研室主任，所著《分子遗传学》是被广泛采用的高校教材，在全国有很大影响。

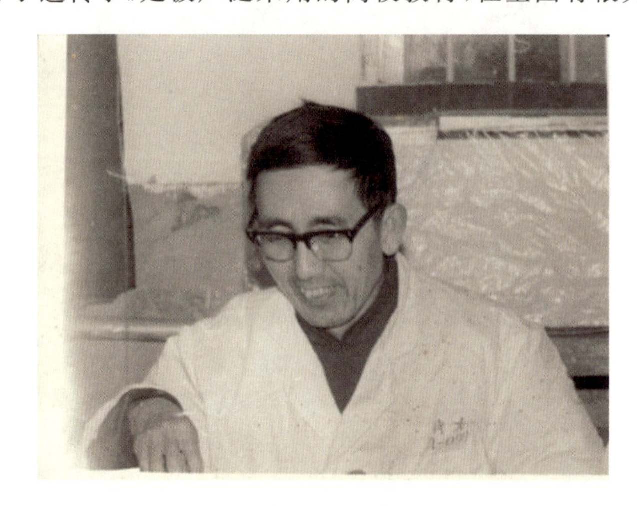

李振刚老师

其次是留下了一些优秀毕业生，包括滕脉坤、崔涛、牛立文、吴季辉、周逸峰、朱学良、胡兵、周丛照、陈湘川、李祥瑞、刘海燕等。其中滕脉坤于1978年10月毕业后被送到北京进修，跟生物物理所林政炯先生学习了一年多，回校后开设课程、做科研，1986—1989年又去美国麻省理工学院、伊利诺伊大学香槟分校工作3年。他长于蛋白质晶体学研究，后曾担任中科大生命科学学院副院长及总支书记等职。牛立文于1982年7月从生物系分子生物学专业提前毕业，然后被送到生物物理所跟梁栋材所长念研究生，1986年毕业后回到生物系任教。他是结构生物学专家，1989年获中科院“青年科学家奖”，1993年和1995—1996年，他先后两次去美国普渡大学做访问学者，后获国家杰出青年基金资助，曾担任生物系副主任、生命科学学院执行院长等职。周逸峰是1978级少年班学员，1982年提前毕业考取研究生，1985年硕士毕业留系工作。他长于

① 李振刚．试论染色体在遗传发育中的活动规律[J]．遗传学报，1976(4)：14-22.

视觉神经生物学研究，曾获“做出突出贡献的中国硕士学位获得者”(1991年)、“中国科学院青年科学家奖”(1993年)等荣誉。吴季辉是1977级本科生，在生物物理所获得硕士学位后，1988年来中科大工作。他是中科大生物核磁共振学科发展的主要贡献者之一，目前是生物核磁共振实验室的负责人。胡兵是1984级本科生，1992年硕士毕业后留系工作，硕士阶段师从寿天德教授(1992年毕业)，博士阶段师从香港大学医学院苏荣辉院士(1999年毕业)，2007年在美国完成博士后研究后回国，现任中科大生命科学学院副院长。刘海燕是1985级学生，获郭沫若奖学金，1993—1995年作为联合培养研究生在瑞士苏黎世高等理工学院物理化学实验室学习，1996年获得博士学位，1998－2000年在杜克大学和北卡罗来纳大学开展博士后研究，2001年获得国家杰出青年基金资助，2004年获安徽省青年科技奖。他主要从事计算生物学与合成生物学研究。

加上20世纪60年代就在生物物理系任教的王贤舜、雷少琼、孙家美、蔡志旭、苏代荣、何景就、钟龙云等，后来留校或来校的“老三届”毕业生蒋巧云、阮迪云、寿天德、康莲娣、黄婉治、陈惠然、施蕴渝、刘兢等，70年代留校的“回炉班”学员陈霖，他们共同构成了生物系的师资队伍。

刘兢教授

为提升教师的业务水平，生物系先后派了不少人出去进修。较容易的是去中科院各相关研究所，如送张达人、薛晋堂、韦安之、严有为等到生物物理所进修；送寿天德、阮迪云、徐耀忠等去生理所进修……较困难、机会更难得的是出国进修。除上面提到的滕脉坤、牛立文外，被派出去的人员还有施蕴渝、寿天德、陈霖、徐洵、王玉珍、张达人、孙玉温、王贤舜、李振刚、阮迪云、刘兢、徐耀忠、崔涛、王培之等。事实上，生物系“约有三分之二的老师获得了一次和多次出国进修提高的机会”[①]，这不仅大大提高了生物系的学术和教学水平，也改善了这些老师的生活。其中，施蕴渝从 1979 年 5 月起赴意大利罗马大学化学系及意大利 CNRS 结构化学实验室进修 2 年，是生物系最早出国进修的老师。按期回国任教一些年后，她又曾到荷兰格罗宁根大学物理化学系、法国 CNRS 酶学与结构生物学实验室、法国理论化学实验室进修或开展合作研究。施蕴渝是结构生物学家和计算生物学专家，于 1997 年当选为中国科学院院士，并于 1998 年起担任中科大生命科学学院首任院长。寿天德是生物系第二个获得出国进修机会的老师。1980—1996 年，他先后 4 次赴美国进修，并曾推荐周逸峰接替自己在犹他大学的工作。他是神经生物学专家，曾任生物系主任等职。徐洵于 1985 年应邀到美国加州大学圣地亚哥分校（UCSD）工作，直到 1989 年才离开，她还曾推荐王玉珍去 UCSD 接替她的工作。徐洵是生物化学专家，1999 年当选为中国工程院院士。这些教师先后出国深造，不仅大幅提升了自己的水平，还引进了一些新技术、开辟了新领域，使自己成了中科大乃至全国的学科带头人。

一些更年轻的教师则被派到国外攻读博士学位。周逸峰于 1987 年继续攻读博士学位，他属中美联合培养的研究生，曾到美国犹他大学学习、工作 19 个月，1991 年获得博士学位后回生物系任教。在周逸峰之后，朱学良、胡兵、周丛照、陈湘川、李祥瑞、刘海燕等留系青年教师也以中外联合培养的方式获得博士学位。

生物系还通过“所系结合”从中科院的研究所请来一批著名科学家来系里授课。1980 年前后，上海生化所的王德宝、李载平、戚正武、龚岳亭、林其谁、祁国荣等来系里作了系列报告。这些包含国际生化领域最新进展的报告被录音机录下来，然后整理成书出版，成为当时全国生物系很流行的教材。生物物理所的梁栋材、戴金璧等也到系里来讲课，所讲蛋白质晶体学课属国内高校首开。梁栋材每年来讲一个月左右，连续讲了近 10 年。他的讲义后来以《X 射线晶体学基础》为题于 1991 年正式出版，很受读者欢迎，2006 年又出了第二版。这些研究经验丰富的前辈科学家所开的课程，不仅令生物系的学生耳目一新，在客观上对生物系的老师也起了培训作用。

当然，在引进、培养人才的同时，也有老师在不同时间因种种原因而离开生物系，如顾凡及、黄婉治、蒋巧云、李钦、余明琨、包承远、龚立三、张小云等。

① 寿天德. 为了生物系的发展。

梁栋材院士

3. 生源和教学

与生物物理系“老三届”中有不少人是从中科大别的专业调剂过来不同,生物系的学生不但是主动选择生物系,而且考分普遍非常高,尤其是在20世纪80年代,有时一个班会有几位省高考状元。生物系1983级学生蒋澄宇回忆当时的情况:

> 那时候说“科学的春天来了”“21世纪是生物学的世纪”,科大生物系的录取线尤其高。几年前一位学长返校,跟科大学生说:当年他们随便去掉一门课的高考分数,照样能上清华、北大。结果却被认为是吹牛。1983年,清华、北大在北京的录取线是480分,而我们班的平均分好像在580分以上,学长的说法应该不算吹牛吧……生物系38人,好几个是省理科状元,其他大部分同学也都是省里前几名。[1]

生物系1984级学生胡兵也有类似回忆:

> 记得我们年级招了20多个高考状元,而当时考生来自全国29个

① 据笔者对蒋澄宇教授的访谈(2018年1月12日、1月15日)。

省、市、自治区。在学校里，生物系的录取平均分又是最高的。我们生物系 1984 级一共才 37 人，其中就有山东、新疆、云南和山西 4 个省区的状元。我们寝室 6 个人，一个是山西省状元白永胜，数学很好，曾经是全国奥数竞赛冠军；一个是江苏省的第 3 名；一个是苏州市的第 1 名；还有一个位居江西省的前 10 名。①

1980 年贵州省高考理科第 8 名朱学良的高考成绩在班上居然处于中等偏下的位置，据他回忆：

当时科大的名声非常好，招来的都是全国各地非常优秀的应届考生。我们那个时候很单纯，入学时并没有比较谁的成绩更好。但我确实感到了压力。有些同学在他们省份考得非常好，也许是状元；北京、上海的有些考生未必考得比我好，但他们明显更有见识。直到毕业之后，我才听他们说学号是按考分排的。我们班一共有 30 多位同学，我排在第 19 号，处在中等偏下的位置。②

朱学良、蒋澄宇、胡兵在相当大的程度上都是因为“21 世纪是生物学的世纪”这句流行语而选择生物系的。看来，这句话在当时有不小的影响力。

对于这些极为优秀的学生，生物系是如何培养的呢？

首先，还是基本沿用 20 世纪五六十年代生物物理系的基础课体系，特别重视数、理、化。蒋澄宇回忆说：

当时我吐槽最多、也是我现在受益最大的，是高强度的数理化课程。生物系当年安排了很多数理课程：第一学期数学上单变量微积分，72 学时；第二学期上多变量微积分，又是 72 学时，要做 6 本吉米多维奇的《数学分析习题集》，共 10000 多道题……我们生物系与数学系一起上数学课，结果考在前面的经常是我们班的同学。第三学期学线性代数、级数与常微分方程，加起来又是 100 多学时。第四学期是数理方法(72 学时)和控制论(54 学时)。第六学期是概率与统计(54 学时)。第九学期还有个生物控制论，54 学时。

……不止学了 3 年的数学，还学了 4 年的物理。第一学期没有物理；第二学期学力学与热学，其中理论课 72 学时，实验课 50 学时；第三学期学电磁学与电磁学实验，122 学时；第四学期学光学与光学实验，122 学时；第五学期学原子物理，72 学时；后面还有电子线路(72

① 据笔者对胡兵教授的访谈(2017 年 12 月 26 日)。
② 据笔者对朱学良研究员的访谈(2017 年 12 月 28 日)。

> 学时)和电子线路实验(54学时);这些都是所有专业的必修课。高年级生物课还有生物电镜技术、生物电子学、分子生物物理及蛋白质晶体学等,有些非生物物理专业可以不用修了。除了最后一个学期做论文和第一学期没物理外,其他八个学期我们生物系全学了物理。我们与物理系一起上物理课。
>
> 化学嘛,第一学期就是普通化学加普通化学实验,都是100多学时;第二学期没有化学;第三学期是分析化学加分析化学实验;第四学期是有机化学,72学时;第五学期有机化学是40学时,有机化学实验72学时;第六学期开始学物理化学,72学时。五大化学也都学全了。
>
> 计算机学方面,我们学算法语言。
>
> 第一学期还学了机械制图、Engineering(工程),也是上百个学时。第一学期和第二学期还学了一年中国文学。第五学期和第六学期还学了一年哲学。还有一个学期学了自然辩证法。[①]

这种高强度的数理训练给同学们带来了很大的压力,以至于差不多每个年级都会有学生向老师提意见,可从这套课程体系中获益匪浅的老师们还是坚持。他们也不愿意改变华罗庚、钱学森、贝时璋等自己的老师所商定的这套课程体系。他们实际做的,只是略微减少部分课程的课时而已。

也有不少同学并不以这种高强度的训练为苦,甚至还乐在其中。事实上,系里并没有要求他们做6本吉米多维奇的《数学分析习题集》,这是同学们的自发行为。大家都做,相互竞赛,很快就形成了风气和传统。1987级的周丛照回忆当时的情形:

> 晚上回到宿舍后,我们最兴奋的事就是几个数学好的男生找吉米多维奇习题集后面最难的一两个题目做,然后看谁能够以最快的速度说清解题过程。我们住在西区2号楼的4楼,晚上11点钟以后宿舍关灯,东头有一个教室灯还开着,我们经常去那个教室比谁的解题步骤最简练,有时觉得还不过瘾,就比谁有最多的解题方法。大学前3年基本上就是这么过的。[②]

1995级的薛天和1984级的胡兵还将同学们的这种态度总结为“遍历”精神:

> 薛天曾说,科大有两种精神,我很赞同。其中一种是勤奋。那时

① 据笔者对蒋澄宇教授的访谈(2018年1月12日、1月15日)。

② 据笔者对周丛照教授的访谈(2017年12月19日)。

有句话叫“穷清华，富北大，不要命的上科大”，学起来不要命，就是这种精神的写照。聪明的学生很多，智力达到一定水平后智力就不重要了，勤奋才是最不可或缺的素养。另一种是“遍历”。不管是学数理，还是学别的什么，为了把这门学科学好，尽己所能的把所能掌握的资料和习题研究透，很多人会把这门功课所有的习题都做一遍，这就叫“遍历”，虽然看起来是笨办法，但这是基本功和素养的培育。譬如，我们班多数同学都“遍历”过吉米多维奇的《数学分析习题集》。[①]

进入高年级后，专业基础课、专业课成了主课。梁栋材、戴金璧、牛立文、滕脉坤等人的“蛋白质晶体学”，李振刚的“分子遗传学”，孙玉温的“生理学”，徐洵的“生物化学”，鲁润龙的“细胞生物学”，陈霖的“生物控制论”，施蕴渝的“生物磁共振”“生物大分子的计算机模拟”等课程，都给同学们留下了很深的印象。正如朱学良所回忆的：

我们生物系也有不少好老师。如李振刚老师风趣不羁，把分子遗传学讲得风生水起；鲁润龙老师细致严谨，把细胞生物学讲得头头是道；徐洵老师聪颖睿智，讲起生物化学中复杂的代谢反应来如数家珍。[②]

从1981年起，开始有CUSBEA考试。一共实施了8次，国家先后派出422人赴美攻读生物学科的博士学位，后来这些人多数成了生物学家。在这个具体由北京大学生物系负责组织实施的考试中，凡是中科大生物系派出的考生都能考上，且分数名列前茅。这也是一个让人惊叹的现象。据徐洵介绍，这不仅是因为中科大生物系的学生质量一流，还因为考前生化教研室的老师根据CUSBEA所要求的内容给同学们做了培训[③]。徐洵想方设法弄到了一些国外的原版教材，然后指导学生做国外原版教材上的习题。

从1977年至1997年，生物系总共招收了约1100名本科生。这些人绝大多数有读研究生或出国留学的经历。仅从这个成绩即可看出，20世纪五六十年代生物物理系所建立的优良的教学传统得到了很好的继承和发扬。

---

① 据笔者对胡兵教授的访谈(2017年12月26日)。
② 据笔者对朱学良研究员的访谈(2017年12月28日)。
③ 据姚琴、刘锐对徐洵院士的访谈(2016年3月9日)。

3.4 研究传统的建立

从大学五年级起,生物系的同学开始做毕业论文。与20世纪60年代生物物理系学生基本只能去研究所做论文不同,有不少人就留在系里做论文。因为,生物系不再是一个单纯的教学机构,也开始建立自己的研究传统。

1. 耳根环麻醉研究

早在20世纪60年代早期,生物物理系的李钦、钟龙云等青年老师就曾带领陈惠然等同学做过一点研究工作。但由于当时中科大被定位为教学机构,学校专职老师及本科学生的科研只是辅助性的,所以并没有开展多少独立的科研,更没有发表过论文。生物物理系被合并、失去独立性后,尤其是政治运动兴起之后,这方面的工作完全中断了。

南迁合肥后,年轻人不想虚掷青春,想多开展一些业务工作。除给工农兵学员上理论课,带他们实验、实习外,他们也想做一些科研工作。可这在当时是一件很难的事情。当时很多科研工作都遭到了否定,只有一些国防军工方面的科研和个别得到高层领导人关注的项目才能够开展。而且,科研需要仪器设备等,而中科大从北京搬到合肥来的那些仪器设备,因为没足够的地方放而大多没有开封,后来又因火灾而焚毁了很多。再后来当打开那些尚完整的箱子时,又发现里面的东西大多已经破损了。

怎么办?只能因陋就简地做少量政策允许的研究。经"开门办学"调研,他们发现,有一类跟生物学有关的项目——针刺麻醉原理研究是可以做的。事实上,当时全国有成百上千家机构在做这方面的研究。当他们打开箱子时,居然发现有一台脑电图仪器还能用。于是,陈惠然、寿天德等打算利用自己的生物电子学基础,开展一点与针刺麻醉相关的耳根环麻醉方面的研究。

据1960级的陈惠然回忆,耳根环麻醉的观念并非他们原创,而是听自一位姓洪的医生:

> 当时要"开门办学",我是搞生物电子学的,就到医院去找课题,合肥市第三人民医院以前是工农兵医院,那里麻醉科的医生姓洪,名字我不记得了。他跟我讲,现在国内搞针刺麻醉,虽然有效果,但针扎下去,患者还是觉得疼,如果在耳朵套一个环,然后给一些电刺激,不知

道这样能不能产生麻醉效果？所以，耳根环麻醉不是咱们科大的主意，而是这位姓洪的临床医生提出来的。也未必是他首创，好像是他听人说在耳朵上套个环，不用扎针就可以做手术。我听了后说：咱们倒是可以试试。从电生理的角度看，针刺麻醉是给人以电刺激，由一根针变成一个环，只是改变了一下电极而已，还不要插进皮肤，套在耳朵上就行，这对我们搞生物电子学的人而言，并不是一个很难的问题。

然后我就跟他合作了。我搞了一个电刺激器，他搞了一个金属环，还用纱布把它包了起来。我们把电刺激器和金属环连上，电脉冲就开始了。患者躺在手术台上，先给他注射100毫升的杜冷丁（哌替啶），这是镇静剂，不是麻醉药。然后把耳根环套到患者耳朵上，给患者以电脉冲刺激。开刀的时候，医生一上来就拿镊子夹患者的皮肤，问他疼不疼，若患者没反应，他的手术刀就下去了。每次做手术时，洪医生都叫我去给他保驾护航，他怕手术中间突然仪器出问题，而他不会修理。所以，每次手术我都去看管仪器，负责给耳根环提供电刺激。

耳根环确实有麻醉效果，所以他们就做了下去，而且还推广到别的医院……它被应用到各种手术上，妇科手术、剖肚子的手术，各种手术都有，于是得以推广，并产生了很大的影响。后来我就想，为什么套耳朵会有效果？因为咱们中医理论说，耳朵上的穴位和全身的穴位是对应的，所以套上后一刺激，全身不管哪里都会受到刺激，而手术部位的痛感就被电刺激分散或者减弱了。[①]

这项研究大概于1973年起步，1974年开始应用于临床，截至1976年5月，共做过1200多例手术，包括甲状腺切除、乳腺癌、剖宫产、危重肠梗阻、慢性上颌窦炎等80多种手术[②]。

由上面陈惠然的这段回忆可以看出，当年他和洪医生只做了一点定性检测，就直接开展人体实验。这么做研究肯定是不够的，很快，1959级的寿天德和资历更深的孙玉温[③]等想到了定量研究，从动物实验开始。寿天德意识到自己缺乏电生理的相关知识和实验技能，就于1974年10月至1975年4月去上海生理研究所进修了半年。回到中科大后，他和孙玉温正式开展下一步的研究工作。他们以兔子为实验对象，发现通过耳根环用电刺激针刺兔子，它的耐痛

① 据笔者对陈惠然高级工程师的访谈（2018年3月6日）。

② 中国科学技术大学生物物理专业针刺麻醉研究小组．尾核在耳根环麻醉中可能作用的初步探讨[J]．中国科学技术大学学报，1976(Z1)：196-202．

③ 孙玉温于1954年从北京师范大学生物系本科毕业，1957年从华西医科大学生理学系研究生毕业。

阈值提高了40%到50%。1976年7月，这项研究成果以集体名义发表在1976年的《中国科学技术大学学报》上[①]，中科大生命科学领域终于发表了第一篇科学论文。这项研究获得1978年中科院重大科技成果奖、1978年安徽省重大科技成果奖。

2. 建系初期的研究工作

1977年9月，经中科院和国务院先后批准，中科大的角色定位有了拓展：不仅是一个重要的人才培养中心，还被正式定位为中科院所属的一个科研单位。从此，科研成了中科大的主业之一，而得到相应的拨款之后，现代实验室和相应的技术系统也逐步建立了起来。

由于学校有了新的定位，随着有科研经验的人员(尤其是那些在研究所或海外进修归来的老师)逐步增多，生物系的科研工作也渐成规模。

较早开展的是对蛇毒的研究。1979年，有科研经验的徐洵被调到生物系来。考虑到五步蛇毒性很强，危及人民的生命安全，她决定开展蛇毒的分离纯化和机理研究。1980年，滕脉坤从生物物理所进修回来，也加入了这项研究——他想利用学到的蛋白质晶体学知识，测定五步蛇蛇毒(属于蛋白质)的三维结构。当时的条件极为窘迫，设备仅有一台冰箱，实验材料仅有几条蛇。滕脉坤回忆了当年开展科研的情形：

> 我们的设备都是从北京南迁时搬过来的，拆拆装装，很多东西都破得不成样子，又没钱买新的，所以，那个时候我们要干个什么事，得自己做设备。譬如，研究蛋白，需冷冻干燥，缺钱买不起真空冷冻装置，我们在真空皿中放上五氧化二磷吸水，将蛋白质溶液在冰箱中冻好后放进真空皿，再利用普通的真空泵抽真空。再如，蛋白质分离纯化的柱子，没钱买预装柱，我们买个玻璃柱子，买些材料，自己装柱。买来蠕动泵、部分收集器自己动手组装蛋白质纯化系统。当时科大有玻璃厂，能吹玻璃，你要加工一个什么设备，就去找玻璃师傅，画个图给他："我要做个这样的东西！"他就给你吹出来。当时的设备大都是这么做出来的。[②]

他们向学校申请了约5000元经费，把其中一部分钱交给一位住在安徽歙

① 中国科学技术大学生物物理专业针刺麻醉研究小组.尾核在耳根环麻醉中可能作用的初步探讨[J].中国科学技术大学学报，1976(Z1)：196-202.

② 据笔者对滕脉坤教授的访谈(2017年1月13日)。

县深山中的赤脚医生，请他盖一个小茅屋养蛇，还买了一个真空泵和真空皿送过去，手把手教他如何抽干蛇毒，然后再从他手中购买干蛇毒。

1980—1983年，徐洵与生物系的同事王贤舜、席杏团、刘兢、何华平、王玉珍、许贞玉、王淳等合作发表了系列文章[①]，介绍了他们分离、纯化五步蛇蛇毒的结果，弄清楚了该蛇毒的作用位点和作用原理，较好地解决了他们所提出的问题。1994年，他们的"尖吻蝮蛇毒的生化研究"获得中国科学院自然科学二等奖。

而滕脉坤虽然和申维明、孙家美、蒋巧云等同事在1983年就取得了一些结果，但一直到1996年才和龚为民、牛立文、朱中良发表系列文章[②]，解析出五步蛇蛇毒蛋白的晶体结构。他们还买来三合板制作出了其结构模型：将计算机输出并用纸打印出来的电子密度图用复写纸描在三合板上，然后根据电子密度图的外廓线把三合板锯成一个个的小块，一层一层用胶水把小块粘上，再漆上颜色。

五步蛇蛇毒蛋白结构模型(部件略有脱落，熊卫民2017年1月13日摄)

施蕴渝是第一个出国进修的，也是第一个回国的。但回来之后，她仍只是

① 如：徐洵，王贤舜，席杏团，等．尖吻蝮(Agkistrodon acutus)蛇毒的研究：Ⅱ．透明质酸酶的纯化和性质[J]．Acta Biochimica Et Biophysica Sinica，1983(6)：80-85．

② 如：龚为民，滕脉坤，牛立文．尖吻蝮蛇毒出血毒素10.27 nm分辨率晶体结构测定[J]．科学通报，1996(17)：1611-1614．

一个讲师，并未获得经费支持。1985年，她又获得短期出国机会，去荷兰格罗宁根大学物理化学系进一步学习核磁共振和计算生物学。回国后，在副校长、学部委员钱临照和学部委员彭桓武、唐敖庆的帮助下，她于1985年申请到了第一笔自然科学基金5万元，她利用这笔资金组建起计算生物学研究组，于次年即和同事贠汝槐、王存新发表了分子动力学模拟方面的论文①，后来又成为国家利用二维核磁共振波谱技术测生物大分子结构领域的带头人。

陈霖于1980年上半年赴美国学习，先在UCSD(加州大学圣地亚哥分校)进修了2年，后来又获斯隆奖学金资助在加州大学欧文分校工作了1年。1982年11月，他在《Science》上以单独作者的身份发表了一篇论文，提出了他的拓扑性质知觉理论②。那是改革开放后中国学者以中国单位在《Science》上发表的第一篇文章。1983年，他回到生物系。在中科大党委书记杨海波等人的支持下，他们利用学校提供的几千美元经费买来隔音材料和数值机，填平了物理楼五楼一间面积大约为10平方米的厕所，在那儿建立起了认知学实验室。1985年，陈霖被直接从助教破格评为正教授。

寿天德也于1980年上半年赴美国西北大学进修了两年零两个月。1987年11月，他应邀再次前往美国，到犹他大学医学院开展合作研究，到1989年3月才归国。后来他又曾两度赴美国工作。四次赴美，他都基本围绕视觉脑机制的课题开展工作。第一次回国之后，他就建立起视觉研究实验室，并先后与同事阮迪云、张达人、薛晋堂、夏德瑜，学生周逸峰等合作发表了不少研究成果。

20世纪80年代上半期，孙玉温就听觉信息突触传递机制和调控做了不少研究；李振刚以家蚕为对象，将天蚕丝质基因引入家蚕，做了不少遗传学研究，等等。相关情况可从本书附录4中的生物系教师介绍中略窥一斑，就不在此一一介绍了。

3. 获得"863计划"资助

1986年年底，在进修一年半之后，徐洵离开美国UCSD分子遗传学中心提前归国。原因是系里希望她作为领衔人之一申请"863计划"项目。

1986年3月3日，王淦昌、王大珩、杨嘉墀、陈芳允这四位老学部委员直接向邓小平上书，提出"关于跟踪研究外国战略性高技术发展的建议"。3月5日，邓小平做出"这个建议十分重要，找些专家和有关负责同志讨论，提出意见，

① 施蕴渝，贠汝槐，王存新.蛋白质和核酸动力学的计算机模拟[J].生物化学与生物物理进展，1986，33(5)：41-46.

② Chen L. Topological structure in visual perception[J]. Science，1982(218)：699-700.

以凭决策。此事宜速作决断，不可拖延”的批示。经组织专家调查论证，1986年11月，国务院正式批准实施“高技术研究发展计划纲要”（以下简称“纲要”），宣布在2000年之前，将拿出百亿元专款，支持中国的高技术研究发展计划，即“863计划”。该计划包含可能对中国未来经济和社会发展有重大影响的7个领域，其中第一个领域即为生物技术，包括优质、高产、抗逆的动植物新品种，新型药物、疫苗和基因治疗，蛋白质工程这3个主题。

“纲要”发布后，多年以来渴望科技报国的科技人员备受鼓舞、奔走相告。有一批受过良好训练的中青年教师却因经费匮乏而饱受困扰的中科大生物系，更是将其视为一个难得的发展机会——毕竟他们一直以微观生物学为主要发展方向，“863计划”中所重点提到的基因工程、蛋白质工程也是他们渴望发展的方向。所以他们希望徐洵这种在相关领域有积累、相对较有经验和声望的教师能带领大家，群策群力，参与到国家的重大科研计划中去。

“863计划”项目重视“依靠和发挥中青年专家的作用”，在执行时“实行择优招标制，由专家委员会评选，把任务落实到确有优势的单位和个人。不按部门和单位切块拨款，经费随任务下达，专款专用”[①]。如何才能成为被择之“优”，成为“确有优势的单位和个人”？这是生物系的老师，乃至中科大的领导所关注的问题。

徐洵早就想建设分子生物学实验室，只是苦于没有经费。1986年年底，学校拨给徐洵等50万元科研经费，建设分子生物学实验室。1986年中科大全年的科研经费为350万元[②]，50万元可谓一笔巨款。用这些钱去购买设备、药品，分子生物学实验室一下子就初具规模[③]，进而开始具备一定的“优势”。

“‘863计划’在1986年10月以前制定了发展纲要。1987年2月完成组建领域专家委员会，7月完成组建主题专家组，1987年年底前完成课题分解，1988年进入全面实施。”[④]生物系老师的想法是，根据计划的需求，把不同方向的老师组织成不同的课题组，每个课题组由一个老师牵头，大家精诚合作，一起来申请和执行项目。

商量的结果是，由徐洵教授来领头申请“葡萄糖异构酶的蛋白质工程”，参与者包括生物化学和分子生物学方向的王玉珍、崔涛、黄婉治、王淳、朱学良等，蛋白质晶体学方向的牛立文和滕脉坤等；由施蕴渝教授来领头申请“蛋白质分子设计的新技术研究”，参与者包括物理系的王存新、徐英武，化学系的黄复华、

① 朱丽兰. 关于八六三计划的制定和组织实施[J]. 中国科技论坛，1990(5):21-24.

② 中国科大的情况和发展中的问题. 中国科学技术大学档案馆(1986-WS-Y-12)。

③ 据姚琴、刘锐对徐洵院士的访谈(2016年3月9日)。

④ 朱丽兰. 关于八六三计划的制定和组织实施[J]. 中国科技论坛，1990(5):21-24.

向则新，还有施蕴渝的学生刘海燕等；由王培之讲师来领头申请“枯草杆菌蛋白酶的蛋白质工程”，参与者包括生物系的王贤舜、潘仁瑞、赵云德和生物物理所的毕汝昌等。王培之是复旦大学生物系“老五届”学生，20 世纪 80 年代初调到中科大生物系来，然后被系里送到美国去进修两年有余，虽然还没发表多少研究成果，但熟悉分子生物学国际最新进展。让他而不是更资深的潘仁瑞等老师来挑大梁，多少体现了当时生物系唯才是举的风气。

1988 年 11 月生物系老师在北京参加“863 计划”项目答辩会时合影(徐洵提供)

徐洵回忆了申请项目时的情形：

> 申请“863 计划”项目时，时间非常紧迫，况且这是国家开展的首批“863 计划”，更是我们系第一次着手申请如此重大的项目，可想而知，我们也是有一定压力的。我们完成申请书的初稿后，生物系的许多老师一起参与了讨论，给我们提出修改意见。接着我们在全系试讲，再根据老师们给出的意见反复修改，最终拿出了比较满意的申请书。全系老师们一起出谋划策，提供帮助，这种团结协作的场面让我终生难忘。[①]

其他两个课题组讨论时的情况也类似。经过周密的准备，他们向国家科委提交了富有说服力的项目申请书。1988 年 11 月，第一届“863 计划”申请项目

① 据姚琴、刘锐对徐洵院士的访谈(2016 年 3 月 9 日)。

答辩会在北京举行。经过激烈的竞争，徐洵、王培之和施蕴渝牵头组织的三个独立项目均战胜强劲的对手，成功地通过审批。在这届生物领域“863计划”项目申请中，由一个系一举揽下三个项目，是十分罕见的。这次来之不易的成绩，令生物系的老师十分喜悦，给了大家极大的鼓舞。因为，这意味着课题组近些年的努力得到了承认，大家告别小打小闹，从此进入了国家队。这些项目不仅经费巨大（这三个项目的经费总额约有400万元），可令相关实验室升级换代，还让大家有了一展身手的机会。

在随后的几年，各课题组根据项目任务书的计划，开展了紧张的研究工作。硕士刚毕业的朱学良成为了“葡萄糖异构酶的蛋白质工程”项目的骨干，他回忆当时的情形时说：

> 这个项目的经费量达到了百万元级。当时国家自然科学基金委的项目大概也就两三万块钱一个，上百万元，你想想，这意味着什么？所以这在当时是系里一件非常大的事情。老师们奋力争取到了这个项目，需要有人具体实施，我有幸参加了进来。当时我的主要任务是克隆葡萄糖异构酶的基因。这很可能是本项目的最大限制因素。你得先把相关基因克隆出来，然后才能做测序、表达等工作，再做基因突变、蛋白质修饰等蛋白质工程方面的工作……当时觉得这是件很难的事情，因为没有经验，只能自己找书、读论文去学习相关技术。我尝试过多种策略，直到1990年春才将其克隆出来。此前系里已决定送我出去深造，唯一要求就是得把基因克隆出来才能走，因为这是整个项目的基础，没有基因，后面的工作都是空中楼阁……我研究生一毕业就做这个工作。由于不把基因克隆出来就没法交代，所以我承受了很大的压力，也因此推延了出国时间。当时做得还是蛮辛苦的。我出国以后，王玉珍老师等又完成了相关的测序工作，大概在1992年，我们联名在国内的《生物工程学报》上发表了这项成果。这大概可以算是系里自主克隆的第一个基因。①

很大的困难在于缺乏经验。为了增加科研经验，系里有意识地送年轻人出国进修，去先进的实验室去见识、学习最新的科学思想、研究方法等。而积累了经验、取得了成绩之后，他们将获得更多的研究机会。

20世纪90年代前期，徐洵、王玉珍、牛立文、滕脉坤等人精诚合作，使用我国自行筛选的M1033菌株，测定了所产葡萄糖异构酶的基本酶学性质、克隆了基因并测序、测定了晶体结构，获得1.85Å分辨率晶体结构，进行分子设计和

① 据笔者对朱学良研究员的访谈（2017年12月28日）。

定点突变，其中G138P-G247D双突变体的热稳定性、酶活性及反应最适pH等综合性能指标均优于野生型酶，三个单突变体G138P、G247D、K253R单项指标优于野生型酶，获得了国内第一个有自主知识产权的基因工程菌。该项目在国内外共发表论文20篇，申请中国发明专利2项，其中一项已授权(专利号ZL95112782.9)，一项已公开(公开号:CN1213003A)。这项研究获得了2000年安徽省教育厅科学技术奖一等奖、2001年教育部高等学校科学技术奖二等奖。1999年，徐洵当选为中国工程院院士。

施蕴渝领衔的“蛋白质分子设计的新技术研究”也于20世纪90年代前期顺利达到了目标。随后他们又进一步开展了“生物大分子的计算机模拟”研究。他们深入、系统地探讨了与蛋白质分子设计及药物分子设计有关的基础理论和方法学，共发表27篇论文，其中20篇为SCI论文(影响因子大于2的15篇，最高影响因子为6.018)。截至1998年6月，13篇论文被引用135次，其中被国外学术期刊引用121次，包括被国际上重要年评和综述性文章引用。该项目先后获得1996年中国科学院自然科学奖二等奖和1999年国家自然科学奖三等奖。施蕴渝个人还于1992年、1996年两次获得“863计划先进工作者”三等奖。1997年，施蕴渝当选为中科院院士。

“枯草杆菌蛋白酶的蛋白质工程”开展一段时间后，王培之再次赴美国，不久因病不幸去世。项目改由王贤舜、赵云德来主持，他们也发表了多篇论文。

4. 其他实验室的研究工作

在开展上述“863计划”项目的同时，生物系还建起了由孙玉温教授主持的听觉生理实验室、由陈惠然高级工程师主持的生物电子学实验室、由阮迪云副教授主持的神经毒理实验室、由张达人副教授主持的神经心理学实验室、由刘兢教授主持的乳腺癌抗体研究实验室等。其中，影响很大的有施蕴渝教授主持的结构生物学开放实验室、陈霖教授主持的中科院北京认知科学开放研究实验室、寿天德教授主持的视觉研究实验室。

中科大生物系的滕脉坤、牛立文、施蕴渝在20世纪80年代初就开始了结构生物学研究。因为贡献突出等原因，1989年11月，27岁的牛立文获得中科院首届“青年科学家奖”。他不仅得以破格晋升为副教授，其自选研究还获得了12万元的中科院院长基金资助。有了高级职称和“青年科学家”头衔后，他进一步得到了承担中科院重大研究项目子课题的机会。1994年出国期间，他和他人合作解出了嘌呤生物合成变构调节酶的结构，论文在《Science》上发表[①]。随即，他成功申报“中国科学院青年科学家实验室”，获得20万美元的专项设备费资助，而他负责的这个实验室被命名为“中国科学院结构生物学青年科学家实验室”。1997年，施蕴渝、牛立文等联合成立中国科学院结构生物学开放实验室，由施蕴渝任实验室主任，牛立文、刘海燕任实验室副主任，成员还有滕脉坤、龚为民、吴季辉、夏佑林、王存新等。他们以X射线晶体学、多维核磁共振波谱学、计算生物学为主要研究手段，并与生物化学、分子生物学、细胞生物学方法紧密结合，研究生命现象中重要功能蛋白质及复合物的三维结构基础、结构规律以及结构与功能的关系，同时开展结构基因组研究、结构生物学和计算生物学方法与技术研究。他们获得了“863计划”、国家自然科学基金、攀登计划、中科院知识创新工程等的资助，开展了大量富有成效的研究。

牛立文在结构生物学开放实验室论证会上做报告

作为原创认知理论——“大范围首先”的拓扑性质知觉理论的提出者和在《Science》杂志上单独发表论文的第一位中国学者，陈霖得到了包括钱学森在内的很多伯乐的重视。如前所述，1984年，中科大为他建起了视觉实验室。学校虽努力支持，但限于财力，实验室条件比较简陋。1988年，为更好地发展认知科学，经中国科学院领导安排，他去北京并在中国科学技术大学研究生院(北

① Smith J L, Zaluzec E J, Wery J-P, Niu L W, et al. Structure of the allosteric regulatory enzyme of purine biosynthesis[J]. Science, 1994(264): 1427-1433.

京)[1]建起了中国科学院认知科学重点实验室,而他与中科大生物系的联系也就逐渐变少了。再后来,他和同事又与生物物理所合作建立了脑与认知科学国家重点实验室。2003年,陈霖当选为中科院院士。

20世纪80年代,寿天德和视觉研究实验室的同仁用简陋的仪器(包括自己制作的视觉刺激器和微电极拉制器),进行了整体动物的中枢电生理实验。他们发现了猫外膝体神经元感受野的方位倾向性呈现出指向视网膜中心区的"向心规律",并于1986年在《Experimental Brain Research》(《实验脑研究》)上报道了这个结果。这篇文章发表后,他收到了上百封索取文章单行本的信件,来信人包括"视觉研究领域鼻祖"、1981年的诺贝尔生理医学奖得主威泽尔(Torsten Wiesel)。1987年,寿天德去美国犹他大学莱文索(Audie Leventhal)教授实验室从事有关视觉系统皮层下方位、方向选择性的合作研究,从而令两实验室开始了长达20余年的合作关系。"视觉研究实验室在丘脑外膝体细胞的方向、方位敏感性方面做出了许多有独创性的工作,在国内外核心刊物发表论文20余篇,其中3篇论文发表在《Journal of Neuroscience》上,论文发表后在国际上引发广泛兴趣,并受到大家的重视。"截至2008年,主要文章已被国际同行引用200余次。该工作于1997年获中国科学院自然科学奖二等奖[2]。

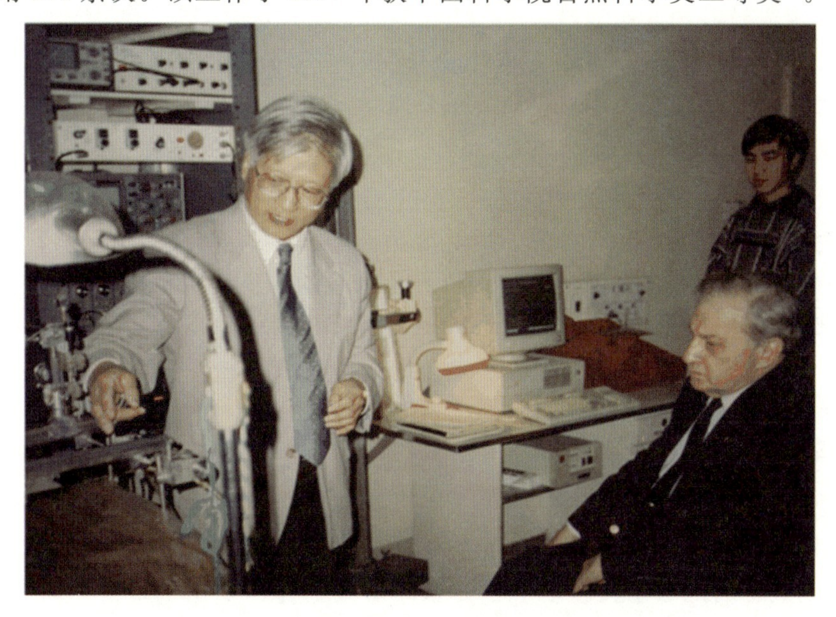

寿天德(左一)与诺贝尔奖得主马库斯(R. Marcus)(1995年)

① 2000年更名为中国科学院研究生院,2012年更名为中国科学院大学。

② 周逸峰,寿天德. 中国科学技术大学视觉研究实验室的历史和现状[J]. 中国科学技术大学学报,2008(8):996-1000.

5. 研究生培养

系里的老师有了科研项目，部分高年级本科生可以留在学校做毕业论文了。更重要的是，系里可以招收研究生，并能给这些科研的生力军以用武之地了。

早在1978年，刚从数学系调到生物系任副主任的杨纪珂教授就招收了王平明等5位研究生①。杨纪珂是数学家，所招的这5位学生都是一个方向——生物数学。当时生物系并没有硕士研究生招生资格，这些学生实际是杨纪珂通过数学系的硕士点来招收的。1980年，杨纪珂调任安徽省副省长，生物系也就不再招研究生了。

1982年，恢复高考后的第一届本科生开始毕业，五年制本科的中科大也出现了一些提前毕业的本科生。从这一年起，生物系的龚立三、徐洵、陈霖、寿天德、施蕴渝、孙玉温、李振刚等老师开始招收硕士研究生。与之前的情况类似，由于生物系还没有硕士点，他们只能借用其他系的硕士点。譬如，周逸峰就是通过物理系的硕士点招来的，他实际由寿天德讲师带，但名义上的导师是物理系的阮图南教授和尹鸿钧教授②。

直到1989年，生物系才有生物化学与分子生物学方向的硕士点；1991年开始有此方向的博士点。1991年，生物系开始有生物物理学与神经生物学方向的硕士点，1993年开始有此方向的博士点。换句话说，直到1989年后，生物系才有资格独立招收硕士研究生；1991年之后，才有资格独立招收博士研究生。生物系早期的博导有陈霖、徐洵、施蕴渝、寿天德、李振刚、牛立文、刘兢等。

这些研究生来自全国各地。中科大生物系的本科生质量很高，毕业后绝大多数都考上了研究生，有的去了国外，有的去了中科院的研究所，有的去了国内其他大学，也有一部分人，譬如周逸峰、朱学良、胡兵、龚为民、刘海燕、周丛照等直接考了中科大生物系的研究生。1986年，中科大在合肥校本部也建起了研究生院[中国科学技术大学研究生院(合肥)]，对研究生的管理变得更为规范。要求他们修满一定的学分(通常在一年级就能修满)，然后跟导师做毕业论文。所修课程包括必修课和选修课，除公共课外，不同的方向、不同的导师要求各不相同，更重要的是做论文。由于生物系的研究生导师承担了重要的研究项目，所以能给研究生以很好的训练机会。为了更好地培养这些研究生，同时也是为

---

① 中国科技大学1978年研究生录取名单. 中国科学技术大学档案馆档案(1979-WS-Y-50号)。

② 据笔者对周逸峰研究员的访谈(2018年1月15日)。

了更好地完成研究任务，生物系的导师还经常以中外联合培养的方式，送研究生出国进修，前述周逸峰、朱学良、胡兵、龚为民、刘海燕、周丛照等都是以这种方式完成博士论文的。

同期位于北京的中国科学技术大学研究生院（北京）招了更多的研究生，他们的导师来自中科院的各研究所。这些研究生有相当多的人尚未毕业即联系了国外的高校，然后中断在国内的学业，“自费”出国留学。据长期在系里负责教学工作的寿天德教授回忆，中科大生物系的硕士生倒是绝大多数如期完成了硕士学业，然后，少部分出去工作，大部分继续攻读博士学位。继续攻读博士学位的人，在拿到学位后，又有大部分选择去国外开展博士后研究①。所以，从本科生到研究生，中科大生物系有很多毕业生去了国外，尤其是美国。他们在国外普遍发展得很好，为国际生物学的发展做出了贡献，并以各种方式反馈祖国。20 世纪 90 年代末，尤其是进入 21 世纪之后，随着国内一些人才计划的出台，他们之中又有不少人回国，为祖国效力。

3.5 人才培养硕果累累

从 1977 年至 1997 年，生物系招收了约 1100 名本科生，约 280 人次的研究生②。如前所述，这些人中有相当大的比例或早或迟曾去国外学习或工作。这里出了很多人才。

据不完全统计，目前在美国著名大学担任教授的有 1978 级的管俊林、王洲，1980 级的程临钊，1981 级的何生、周强、刘奋勇，1982 级的罗坤忻，1984 级的杨丹洲，1986 级的任兵，1987 级的赵惠明，1991 级的可爱龙，等等。而 1981 级的骆利群更是于 2012 年当选美国艺术与科学学院院士、美国国家科学院院士。1980 级的卓敏曾任美国华盛顿大学医学院教授，现为加拿大多伦多大学生理系教授，2009 年当选为加拿大皇家科学院院士。

还有一批人在学成后归国，成了国内各科研教学机构中的佼佼者。如 1977 级的牛立文，曾任中科大生命科学学院院长、安徽大学副校长，目前任安徽省政协副主席；1978 级的马红曾任复旦大学生命科学学院院长，入选“千人计划”；1978 级的周逸峰在 20 多岁即获得“做出突出贡献的中国硕士学位获得者”“中国科学院青年科学家奖”称号，33 岁即被中科大生物系破格提拔为研究

① 据笔者对寿天德教授的访谈（2018 年 7 月 17 日）。

② 含硕士生和博士生。有人在生物系既念了硕士研究生，又念了博士研究生，则算 2 人次。

员；1980级的朱学良，目前是中国科学院上海生命科学院生物化学与细胞生物学研究所研究员、中科院分子细胞生物学重点实验室主任；1983级的蒋澄宇入选“长江学者”，还是中国医学科学院基础医学研究所所长、协和医学院基础医学院副院长；1983级的李党生把《Cell Research》打造成了细胞生物学领域的国际顶尖期刊（其影响因子高达15以上），在整个中国，甚至亚洲的学术期刊界都是一个传奇；1995级的薛天是中科大生命科学学院现任执行院长，等等。

虽然目前他们之中尚无人当选为中国科学院院士或中国工程院院士，但就在国际权威期刊上的论文发表业绩和研究的深度而言，他们绝不逊色于“老三届”毕业生。

中科大生物系还有很多毕业生后来没再从事学术工作。他们在各行各业也取得了杰出成绩，如企业界的吴亦兵（1985级）、曹涵（1985级）、周代星（1985级）、俞天宁（1993级），科普界的姬十三（原名嵇晓华，1996级），从中央电视台主持人到澳电中国公司CEO的陈晓薇（1983级），等等。

3.6 并不落后的管理

总的说来，生物系的这20年，是奋进不已的20年，不但继承了生物物理专业1958年以来开创的优秀教学传统，筚路蓝缕，还把研究传统给建立了起来。不但出了一些重要成果，还出了大量优秀人才。为什么能够如此？可以用1983级学生蒋澄宇的反思来作为回答：

> 那个时候科大流行的说法是一流的学生、二流的教师、三流的管理。现在看，科大对学生绝对可以用宠爱来形容。但说老师是二流、管理是三流则越想越不对。当年生物系教我们的老师几乎都是科大建校头几年的毕业生，都是当年中国一流的学生。“文革”后在欧美一流科研教学院校进修回来的正当年的佼佼者。等我们到四、五年级开始学生物时，他们教给我们的都是当时世界生命科学最前沿的东西。很多根本没有中文翻译，就直接用英文。所以我们本科毕业后去欧美读研究生时，感觉基本是无缝衔接。那些老师的科研也都很有成效，后来不少成为一代大家。科大老师的格局也很大，每门课都请中科院相关专业的顶级专家来讲，每个人多则一个月，少则一二周，给我们讲最新知识……其实我们的老师都是一流的，尤其是与同时代的教师比。只是当年创校的老师还有不少健在，与钱学森、华罗庚、贝时璋等

相比，我们的老师还有距离，还没有完全成长起来……当年科大的管理也是一流的。给了我们最大的自由。只是我姥姥很不高兴，经常说："我好好的孩子，去了科大，回来变成半个野人了。"可我在科大真的觉得很高兴，很自由，很舒服。现在想想，管理的最高境界应该是看起来不管，但有求必应。后来我进入教育界，慢慢体会到一所好的学校，应该是能吸引优秀的学生来，并最大程度保住优秀学生的天性和创造性，而不要去毁掉或固化它们。当年的科大，确确实实做到了这点，至少没有"招天下英才而毁之"吧。看起来三流的管理其实是一流的，让我们的身心都得到最大的自由。①

① 据笔者对蒋澄宇教授的访谈(2018年1月12日、1月15日)。

第4章
生命科学学院时期

4.1 困难和机会

1996年年底，李振刚、孙玉温、潘仁瑞、王贤舜、蔡志旭、孙家美、康莲娣、雷少琼等老师已经退休或已到退休年龄；而陈惠然、黄雨初、鲁润龙、孔令芳、张达人等老师也已经接近退休年龄。就在此时，生物系主任寿天德也因家庭原因从中科大调往复旦大学。此前一年多，留学归国到生物系不久的青年人才廖侃博士、朱学良博士，也设法从中科大调到了中科院在上海的研究机构。更早几年，徐洵调到位于厦门的国家海洋局第三海洋研究所去了，而陈霖则实际调到北京去了。这么多骨干或调离或退休，一度兴盛的生物系突然进入一个困难时期。

这实际上也是中科大的一个缩影。前面介绍过中科大的教师构成，到20世纪末，那些在建校初就分配来的老师已经退休或到了退休年龄；作为教师骨干的"老三届"留校生已经接近退休年龄；稍微年轻一点的"老五届"留校生，则大多于80年代末、90年代初趁出国进修的机会留在了国外，部分留在国内的也已50多岁；八九十年代送到国外去留学的年轻一代，相对来说回来的较少，其中还有一部分旋即被东南沿海地区可提供更好待遇的机构挖走。

在人才流失方面，中科大还有一些独有的原因：她的很多教师是从北京迁到合肥来的，这些人大多一直保留有北京户口，有的在北京还有住房，为了孩子的上学、工作或自己以后的医疗、养老考虑，他们在为科大奉献了二三十年之后，有不少人于90年代选择利用最后的机会调回北京，在北京的单位退休。再加上其他一些原因，作为80年代中国高校标杆的中科大陷入了严重的困境。

中科大的生命科学又一次面临危机，怎么办？这是摆在生物系领导和中科大领导面前的严峻问题。

这时，国内的环境也在发生另一种变化。1996年，中国政府宣布，原定的2000年国内生产总值比1980年翻两番的目标，已经提前5年实现了。5年后的2001年,中国加入WTO,产品市场得到极大拓展,经济进一步繁荣,变成了“世界工厂”。随着知识经济概念的提出和很快流行,1998年,中国政府决定采纳中国科学院提出的建立国家创新体系的建议,加大对科学、教育的投资。于是有了中国科学院的“知识创新工程”、科技部的“973计划”、教育部的“985工程”(与此同时,1993年开始的“211工程”得到了加强),等等。包括国家自然科学基金委在内,这些机构得到的用于科研或教育的经费逐年飙升。

各种各样的人才计划也相继出台。较早有中国科学院的“百人计划”(1994年)、国家自然科学基金委的“国家杰出青年科学基金”(1994年),然后有教育部和李嘉诚基金会的“长江学者奖励计划”(1998年),再后有中央组织部等机构的“海外高层次人才引进计划”(即“千人计划”,2008年)和“国家高层次人才特殊支持计划”(即“万人计划”,2012年),等等。各地方、各机构还出台了“黄河学者”“泰山学者”等多种头衔和配套资助。得到这些计划资助的人才,其待遇和科研启动经费接近、达到甚至超过了其在发达国家所能达到的水平。于是,20世纪八九十年代以来在海外的优秀科研人才得以大量归国,2008年美国、欧洲等地相继爆发金融危机之后更是如此。

这些政策显然带来了更多的机会。如何抓住这些机会,在新的规则下创造更好的条件,用更好的制度、更好的文化、更多的成就事业的机会来吸引人才,令生物系得到更大的发展空间?这是一直坚守在生物系的施蕴渝、牛立文、刘兢、滕脉坤等中坚力量所思考的问题。

4.2 建立生命科学学院

1. 将系改建成学院

20世纪90年代,尤其是90年代后期,在国家教委(1998年后改为教育部)的主导下,中国出现了大规模的高校合并现象。随之而来的是,高校中的系纷纷合并或升格成学院,而原有高校的校、系二级机构二级管理也逐渐变成了校、院、系三级机构三级管理或三级机构二级管理。

1993年,北京大学生物系改名为生命科学学院。这个做法产生了较大的示范效应,很快,国内其他许多高校都将生物系改名为生命科学学院。1997年,中科大生物系副主任牛立文在北京大学参加了“第二届全国生命科学学院院长联席会”。回来后,牛立文代表生物系向学校建议将生物系改建成生命科学学院。校长汤洪高等对此非常重视，在校务工作会议上研究了此事，并将此事上报给了中国科学院教育局。1997年12月17日，中国科学院教育局批准成立中科大生命科学学院。1998年1月12日，中科大发布了《关于成立中国科学技术大学生命科学学院的通知》：

> 为推进学校的结构性调整，进一步凝聚力量，适应21世纪生命科学的发展，经校务工作会议研究决定，并报中国科学院教育局批准，成立中国科学技术大学生命科学学院。
>
> 中国科学技术大学生命科学学院以生物学系为基础，调整机关学科和研究机构组建而成，下设分子生物学与细胞生物学系、神经生物学与生物物理学系及若干科研机构，撤销生物学系建制，在管理体系上以学院为实体，负责组织教学、科研、学科建设、科技研发及党政管理等工作，统一招收本科生和研究生。①

学校任命1997年11月刚当选为中国科学院院士的施蕴渝为生命科学学院（以下简称学院或生科院）首任院长，刘兢、牛立文为副院长，滕脉坤为分子生物学与细胞生物学系常务副主任，周专为神经生物学与生物物理学系常务副主任。另外，还任命滕脉坤为院长助理，王更生为学院党总支书记，丁丽俐为副书记。

生命科学学院在中科大水上报告厅举行成立典礼（1998年2月）

① 中国科学技术大学党政办公室. 中国科学技术大学年鉴：1999[M]. 合肥：中国科学技术大学出版社，1999：289-290.

2. 竭诚引进人才

改建成学院之后，接下来该怎么发展呢？在施蕴渝的主持下，学院召开了院务会议，进行战略规划。大家一致认为，现有师资规模太小、人员严重老化，必须引进人才，利用国家的人才计划从海外引进人才。朱学良、廖侃之所以没能留下，在很大程度上是因为没有使用国家的人才计划，没能得到配套的科研经费，以至于他们不能顺利地开展研究工作，应当吸取这方面的教训。此时，中科院的“百人计划”已经启动数年，周专教授就是通过这个计划于1994年引进过来的。学院还想继续利用这个计划来引进新的人才。在和前来应聘的人才洽谈的过程中，教育部的“长江学者计划”也启动了，也成了学院可以申请使用的计划。

对于引进人才的研究方向，学院领导班子也有自己的想法。中科大生命科学最早是在生物物理学和神经生物学方面有基础。把徐洵等人调过来后，在生物化学和分子生物学方面又有了一些积累。为了学院的长远发展，应当积极引进细胞生物学、遗传、发育方面的人才。于是，他们重点挑选这几个方向的应聘者。1998年，经过很多次的沟通和面试，在多位候选人中学院最终挑选了时任美国威斯康星州大学医学院助理教授的姚雪彪。学院为姚雪彪先申请了中科院的“百人计划”，后来又申请了教育部的“长江学者计划”、国家自然科学基金委的“杰青”，在费了不少周折之后，最终都获得了成功。在较为丰厚的经费的支持下，姚雪彪终于把一个较为先进的细胞分子生物学实验室建立了起来。

周专是中科院第一批“百人计划”入选者，姚雪彪是教育部第一批“长江学者计划”入选者。在这些计划刚启动的时候，生科院（及其前身生物系）就注意到并加以利用，不得不说，其反应是比较敏捷的。不仅如此，学院引进人才的力度也比较大。他们先是通过院内老师的引荐、动员和学校在海外发布的招聘广告来吸引人才，2000年前后，又专程在《Nature》《Science》上发布招聘广告来吸引人才。在姚雪彪之后，又引进了吴缅、徐天乐、周丛照、田志刚、刘海燕、史庆华、周江宁、向成斌、孙宝林等人。其中，吴缅是细胞生物学方向的，周江宁是神经退行性疾病方向的，田志刚是免疫学方向的，史庆华是遗传学与生殖生物学方向的，向成斌是植物学方向的，孙宝林是微生物方向的，周丛照是结构生物学方向的，刘海燕是计算生物学方向的，徐天乐是神经生物学方向的。这些才俊加盟后，学院的学科方向开始变得多样化。

对田志刚的引进尤其成功。他是白求恩医科大学的免疫学博士（1989年毕业），曾任山东肿瘤生物治疗研究中心副主任、主任（1989—2001）和山东医学科学院基础医学研究所所长（1996—2001），并曾多次到美国国立卫生研究院

（NIH）癌症研究所工作，是国际知名的免疫学专家。2001 年，中科大生科院把他的整个团队都引进了过来，并为他们建立了专门的免疫研究所。他们很快就开展了卓有成效的研究工作，并培养出了以周荣斌为代表的一批杰出人才，令中科大生科院迅速成为国内外知名的免疫学研究中心之一。2017 年 11 月，田志刚当选为中国工程院院士。

田志刚院士

引进一个人才，尤其是海外人才，是一件很繁复的事。从最初的看材料、打电话，到中间的面试、书面评议，与学校、中科院、教育部等机构的沟通，到后来各种条件的落实，对于这些事情施蕴渝事必躬亲，付出了极大的心血，也因此赢得了大家由衷的敬仰。

据田志刚回忆，他于 2001 年的某个晚上同时给清华大学生物系和中科大生科院发了电子邮件。第二天一早，他就接到了施蕴渝老师非常热情的电话，邀他立即来中科大面谈。尽管稍后清华大学生物系也想引进他，且当时该系的条件要好得多，但他最后还是选择了中科大生科院。他于 2010 年担任生科院院长后，循施蕴渝老师的先例，一看到不错的应聘者的材料，他就会在第一时间给应聘者打电话。应聘人员来到中科大后，他还会亲自陪同其参观生科院（尤其是公共技术平台）、学校将给引进人才提供的住房、合肥的政务区等，让后者深入了解正在蓬勃发展的合肥、中科大和生科院，以及他们来中科大后的发展

施蕴渝院士

前景，以促进他们早日定下来生科院发展的决心[①]。

3. 为未来“盖楼”

1998 年的中科大还是一所建筑面积比较小的大学，很多院系的办公和实验空间都很逼仄，生科院也不例外。一旦开始引进新的人才，马上就出现了实验空间不足的问题。1999 年前后，从美国哈佛大学归来的徐希平教授一度在生科院兼职。由于实验空间不足，学院只好在老生物楼（力学 4 楼）的楼顶上为他搭建了一层简易房。2001 年，经饶子和等人呼吁，科技部启动了结构基因组计划[②]，在北京、合肥建立两个中心，分别由清华大学的饶子和、中科大的施蕴渝领军，各投入经费约 2000 万元，用于实验平台建设和项目研究。施蕴渝买了相关设备，可由于实验空间不足，只能在现中科大西区学生食堂处搭起两排平房，在那里开展研究[③]。

好不容易把人才引进过来，总不能让他连实验室都没有吧？若是这种条

---

① 据笔者对田志刚院士的访谈（2018 年 8 月 3 日）。

② 此计划的内容为：“开展高通量的基因克隆、表达、蛋白质分离纯化，测定和分析蛋白质的空间结构，特别是测定不知道空间结构类型的蛋白质的结构，并进行分类，在此基础上根据蛋白质的序列预测其三维结构，以对复杂的生命现象作出全面解释。”陈敬农、杨晓萍．在国家层面部署结构基因组计划[N]．科技日报．2001-6-11．

③ 据笔者对滕脉坤教授的访谈（2018 年 7 月 18 日）

件，又怎么可能留得住人才呢？生科院美好的发展蓝图岂不化为泡影？生科院领导班子迫切感觉到需要盖一栋新的专门的生物大楼，而且，这栋大楼应当有一定的前瞻性——它不仅是为生科院当下的人而盖的，更是为未来将引进的人才而盖的，得有相当大的面积，得有专门的规划。牛立文回忆当时大家的考虑：

之前生物系一直没有自己独立的大楼，在东区时借用物理大楼，搬到西区时借用力学楼，我自己在东区时的实验室有一段时间曾占用过物理大楼的地下室，有一年突发大水差点淹掉。梅贻琦曾经说："所谓大学者，非谓有大楼之谓也，有大师之谓也。"这话当然有道理，但也需要放在特定的历史背景中。另一句同样有道理的格言是："栽好梧桐树，引来金凤凰。"在那个年代，你得先有楼有房才能引进人才，才能建设平台，对不对？没有房子，实验学科在哪里做实验？总不能在家里或操场上做实验吧！①

大家商量的结果是，由施蕴渝院长去与校领导谈。施蕴渝直接找到了时任校长朱清时。朱清时校长基本认可施蕴渝的理由，可是，学校别的院系的人均空间差不多同样逼仄，他们也想发展，在学校资金较为紧张的时候，为体量非常小、还难及大系一个教研室的生科院单盖一栋面积为数万平方米的大楼，其他院系能认可吗？大概基于这方面的原因，学校迟迟没有答应生科院的请求。

施蕴渝有一种不达目的决不罢休的精神。她又去找别的校领导，在多个场合向他们陈述理由，还把主管基础建设的王广训副校长带到生科院搭建的简易平房中，让他亲自看看生科院是如何在简易房中开展国家研究项目的。此前，为了给实验平台和新引进的人才腾出空间来，生命学院行政、教学、科研等办公室均搬到了临时搭建的简易房中，一些资深教授还把自己的实验室挪到了简易房中，而学院的领导则一直没有专门的办公室（直到现在也没有专门的院长、书记办公室）。看到这些情况，王广训副校长深受触动，回去之后，又想方设法去说服其他校领导。

经多方努力，2001 年中科大终于决定拿出学校的自有经费为生科院盖一栋新的大楼。立项之后，开始具体设计和贯彻落实。据牛立文介绍，这栋大楼的第一轮设计招标书是他牵头起草的，包括楼层及标高，功能，通用和专用技术配套系统，水、电、通风、照明，三废处理等，这些用户需求都写得很清楚。这里面体现了学院的战略意图，未来要引进什么研究类型的人才，要发展什么研究方向，需要购买什么样的设备，这些设备该放在哪里，水电气怎么配套，还有公共安全、运行管理等，统统都考虑了进去。本来规划了 4.5 万平方米，两个内天

① 据笔者对牛立文教授的访谈（2018 年 1 月 17 日、18 日）。

井布局，后来因为经费不够砍掉1万多平方米，只剩下3.3万平方米，所以很多内容不得不拿掉。此楼被总设计师齐康院士[①]设计成积木式的，只要周边有空间，就可以和谐扩展。2016年，中科大在此楼旁边扩建了一栋与老楼连在一起的1万多平方米的新楼，把15年前因经费不足而拿掉的那部分面积又补充了回来[②]。

生命科学学院教学科研楼全景图

2004年下半年，大楼第一期竣工，生科院整体入驻。然后耗时近5年进行第二期施工，主要是建设公共技术支撑平台和公共服务系统，逐步解决"空心楼"问题。这栋楼"每一层的结构布局都不一样，并且预留了很多空间，可随时根据需要改变结构，具有很强的适应性。"[③]它包含P3实验室、SPF实验动物房、植物人工气候室、高等级生物安全实验室、生物医药技术GMP标准中试车间、乙级放射线同位素实验室、细胞培养洁净房等十多个不同类型的特种技术公共平台，技术含量也很高，且所有的配套设施都按照国家要求配置并通过了国家的验收。作为全校第一栋由一个院系单独拥有的教学科研楼，令中科大其他院系羡慕不已。作为那个年代高校生物领域面积最大、设施最齐全的单体建

① 齐康(1931—)，东南大学建筑研究所所长、教授，中国科学院院士(1993年)，首届中国建筑界最高奖"梁思成建筑奖"得主(2001年)。

② 据笔者对牛立文教授的访谈(2018年1月17日、18日)。

③ 王静，马荟."生产队长的责任重大"：中科大生命科学学院执行院长牛立文谈基础设施建设和学科建设[N]. 科学时报，2008-9-18.

筑，此楼还时常引起同行的赞叹。牛立文自豪地说："这栋楼不是给当时已有的人建的，而是给未来的人建的……这栋楼的规划是一步到位的，比同期的兄弟单位的大楼超前了10—20年。"①

4. 靠事业留人

教学科研大楼盖好后，生科院的人才引进工作获得了广阔的空间。此时生科院已由牛立文任执行院长，在他的任上以及田志刚院长、薛天执行院长等继任领导的任上，学院又引进了申勇、胡兵、龚为民、臧建业、单革、史庆华、张华凤、毕国强、周荣斌、朱书等一大批青年才俊。

薛天教授

截至2017年年底，学院共引进"百人计划"人才30多位，"青年千人计划"人才20多位，"长江学者"4位(同时全都是"百人计划"入选者)，使得独立PI的

① 据笔者对牛立文教授的访谈(2018年1月17日、18日)。

总数达到了59人(引进人员名单和引进时间详见附录11)。可以说,生科院教师早已实现了更新换代。这些青年一代受到的教育是完整的,在西方留学期间习得了最新的知识、最先进的技术。跟国内其他高校的同龄人相比,不管是承担的国家项目的数量,还是人均获得支持的强度,还是人均发表的有较高影响因子的论文的数量,都是靠前的。而且,在他们中间,还有神经生物学、结构生物学、细胞生物学、免疫学、植物分子生物学、计算生物学等多个领域国家大型项目的首席科学家。

这份引进人才的成绩,不但在中科大各学院中名列前茅,在国内高校各生科院中也是靠前的。为什么生科院在引进人才方面能做到动作快、力度大、质量高、布局较为合理,且能把绝大部分人才留住?不是凭待遇,这里的待遇虽然不错,但肯定不是最好的;也难说是凭感情,所引进的不少人才与中科大并无历史渊源;重要的是让人感觉在这里能够做出一番事业。而后者又主要体现在三个方面:① 领导高度重视人才引进工作,且处事公正,班子成员从来不拿学校的任何非竞争性奖项,在建设公共实验平台、引进人才方面胸怀全院,而不是专注于自己的研究方向。② 制度和文化比较好,有可以共用的、设备较为齐全的科研平台,领导尽力支持年轻人,同事之间关系和谐,整个学院比较团结。③ 生科院的学生中,心灵手巧者甚多,能把教授的好点子通过精巧的实验贯彻下去。

当然,所有这一切都离不开学校的大力支持。这体现在很多方面,如允许体量很小的生物系改建成生科院,投资上亿元给人数仍很少的生科院盖规模超前的大楼,为生科院搭建公共技术平台,允许她引进那么多人才……“21世纪是生物学的世纪”,学校对施蕴渝、牛立文、滕脉坤等全心投入且能干的生科院负责人寄予厚望,希望他们能在“生物学的世纪”把中科大的生命科学发展起来,屹立于全国先进生科院之林。

5. PI制改革

发展生科院,不仅要引进优秀人才,还要改革制度,使这些优秀人才更好地发挥自己的才能。在牛立文等人看来,现有的科研组织方式中最利于发挥科学家积极性、主动性的是PI制。

这种制度的核心是给科学家以较大的自主权。在美国,能从机构外申请到足够项目资助资金的科学家就是PI。申请到经费后,由PI组织起一支由合作科学家、博士后、技术人员和研究生等构成的研究队伍,在规定的时间内完成所申请的科研项目。在实验室内,PI是负责人,有相当大的人、事、财权——可以决定用什么人、用何种方式来工作、给这些人开多少工资等。

中国的科研，在1949年后长期实行拨款制：由财政部门给中科院、中国农业科学院、高等教育部等机构拨款(包括事业费、科研费等)，中科院等机构再向下一级拨款，最后，基层的研究室、研究组、教研室再用分到的科研经费来开展科研；此外，还会有一些横向的(譬如说从国防军工部门下达的)科研任务，承担机构拿到任务和相应经费后，再将其分到具体承担任务的研究室、研究组。在这种制度下，科学家对于所承担的科研工作没有多少自主权，对于实验室、教研室中的同事、助手、学生、实验员等没有多少影响力。

1982年，中国科学院科学基金成立。除纵向拨款和一些横向任务的拨款外，科研人员变得也可以申请基金，其自主性和积极性明显加大。1986年，中国科学院科学基金演变成国家自然科学基金，且基金数量逐步增多。

1994年6月14日，中科院组建上海生命科学研究中心，开始试行PI制。廖侃、饶毅等人被招聘为PI，在他们的研究组内，人员任用、人员工资等都由他们来决定。几年后，因发现这个制度很好，中科院就让其他院属研究机构也慢慢开始采用这个制度。21世纪初，一些高校也慢慢开始采用这个制度。之所以慢，是因为很多机构实行新人新制度、旧人旧制度，引进的新人比较少，新制度代替旧制度的速度也就比较慢。

2004年，履新不久的牛立文，趁部分老教师即将退休、学院即将入驻新大楼、学校正在开展新一轮定岗工作的机会，在生科院内全面推行PI制，开始了大刀阔斧的改革。

牛立文教授

在学校的支持下，生科院新一届领导班子对学院全部人员进行了强制性岗位分类。学院中的教研岗人员，“要么是真正的PI，要么是PI手下的‘伙计’，或者转岗去搞专职的教学工作、公共技术支撑服务工作、学生工作等”[①]。而什么人能做PI呢？在美国，只要申请人获得了项目资助，就可以认为是该项目的PI，而不管其是助理教授、副教授还是教授，但当时生科院有一条不成文的规矩是，只有院士、“长江学者”、“杰青”、“百人计划”入选者以及学科发展急需的特殊人才可以成为PI。学院还硬性规定，“自愿在PI手下工作的人员的部分岗位津贴由PI支付(额度可以超过25%)，节省的额度学院收回，用于提高专职教学和公共服务人员待遇”[②]。

为了防止有人多占资源，学院还收房租。事实上，前几年刚建院时他们就开始收了。因为要进新人，房间严重不足。老教师占用的房间往往比较多，很多报废的东西都放在那里。学院希望他们让出来，可没人愿意。结果一收房租，那些被多占的房间就被腾出来了。入驻新楼后，尽管刚开始时房间有富余，学院照样收房租。对于院领导、院士一视同仁，大家都交房租，之后也就没人多占资源了。

为加强实验室之间的沟通，学院还专门在生科院大楼的二楼开辟出了一个咖啡厅。大家工作累了，或者来了朋友，都会到这里来坐坐。实验室的组会，也经常在这里召开。有时会同时开几个组会。不同实验室的人，会经常在这里相遇。这些约好或偶遇的聊天，不但可以消除误会、增进感情，还能碰撞出思想的火花。

引进人才、盖楼、PI制改革和咖啡厅文化建设，都是相互关联的。通过这些措施，学院营造出了良好的、让人愉悦的环境，在让人做出成果的同时，也留住了人才，此即“出成果、出人才”。

6. 教学方面的改革

在改革科研体制的同时，牛立文、徐卫华、周丛照、臧建业等还进行了多种教学方面的改革。

第一，让学生改到生科院大楼来上理论课。2000年，中科大的本科从5年制改成4年制，课程体系发生了较大的变化[③]。尽管如此，前面两年还是有不少数学、物理、化学、外语、思想政治等公共课，这些课主要是集中在学校东区的几幢教学楼上。因为这个原因，生科院的低年级学生和位于西区的生科院较为疏离。为增强学生的归属感，生科院在大楼3层装修了6个共可容纳数百人的教

① 据笔者对牛立文教授的访谈(2018年1月17日、18日)。

② 据笔者对牛立文教授的访谈(2018年1月17日、18日)。

③ 详情可查阅附录8。

室。经与教务处协商,他们改让学生到这里来上各种各样的理论课。他们还给教室加装了空调、铺上了地毯,以吸引同学们过来自习。

第二,成立实验教学中心,整合实验课程。生科院有动物学、植物学、解剖、神经、生化、细胞等许多实验课程,之前散布于不同地方,相互关联度很小。生科院把这些教学实验室均设在新大楼的一层,并通过建立网站、共享设备、让老师们在一起集中办公等方式,把全院的实验教学工作整合到一起。

第三,本研贯通,即打通本科生、研究生的课程。像分子生物学、细胞生物学这类课程,不管是理论课还是实验课,本科生的课与研究生的课均已完全贯通。“分为Ⅰ、Ⅱ、Ⅲ三类,Ⅰ是必修的。学有余力的本科生可以选Ⅱ或Ⅲ类;贝时璋英才班的学生Ⅰ、Ⅱ、Ⅲ类都是必修;外面考来的研究生如果底子比较差,就可以跟本科生一起上Ⅰ类,但是Ⅱ和Ⅲ类是必修的。”[①]

第四,加大对实验课的投入。学院给每位前来做实验的学生都发了实验服,要求他们进实验室就换实验服;还做了足够多的储物柜,让每位同学都有地方放书包和衣服等。学院还硬性规定实验消耗性经费不得挪去搞个人科研;实验教学师资也不得从事个人科研,即使有研究成果,学院也不承认其工作量。计算下来,学院投入在每人每小时实验课上的消耗性经费数量(不算设备、固定资产投入)一度位居全国第一,比北大、清华、复旦等校生科院的相应投入要多出50%以上[②]。2007年,生科院的生命科学实验教学中心在同行评议中获得了全国第一的好成绩,且是遥遥领先,不用答辩,直接被评为国家级实验教学示范中心。

第五,实行“小学期制”。把一学期分成两个为期各10周的小学期。“如果一个学生一学期是6门课,那上半学期就上3门课,考试结束后,剩下的那半学期再上另外3门课。以前某门课一周排4个学时,现在它排8个学时,10周下来,总课时也是80学时嘛!”[③] 尽管没减课时,但对学生来说,有一定的减负作用。因为在同一时间内少应对几门课程,人的精力会更集中,效率通常会更高一些。对老师而言,这样做还能解决科研和教学之间的矛盾。因为教研岗的老师经常要外出参加各种学术活动,很难保证从第1周到第20周都在学校待着。如果把课程集中在10周之内完成,老师能更好地安排时间。

第六,建立教学PI制度,鼓励教授开展教学研究,搞好课程建设,提高教学质量。为改变常见的教师重科研而轻教学的倾向,生科院在细胞生物学、生物化学、神经生物学、结构生物学、生物信息学和普通生物学等专业主干课程的教

① 据笔者对周丛照教授的访谈(2017年12月19日)。
② 据笔者对牛立文教授的访谈(2018年1月17日、18日)。
③ 据笔者对牛立文教授的访谈(2018年1月17日、18日)。

学岗位设置了教学型的PI。“要求他们把一大部分的精力投入到教学中，深入学生中去，指导教师开展教学研究与改革，实施教学研究项目，发表教学论文，搞好课程建设与规划，编写讲义，出版教材，制作优秀的教学课件，并注重校际间的教学交流与合作，提高整体教学水平和教学艺术，全面负责组织该门课程的教学。”①

第七，继续实行“全院办校，所系结合”。与生科院结合的研究所的数量进一步增加，除北京、上海的研究所外，还包括广州、武汉和云南等地的研究所。例如，生科院在西双版纳热带植物园建立了生物学野外教学实习基地，每年暑假有数十名学生到该基地进行实习。再如，学院于2006年7月与广州生物医药与健康研究院联合成立了医药生物技术系，每年有约20名学生到该院完成毕业论文。另外，学院每年从相关的研究所定期邀请专家来合肥上课。他们通常是在星期五过来，星期六晚上或星期天再走。坚持来讲课的专家有许瑞明研究员、徐涛院士、陈霖院士、郭爱克院士、陈润生院士等。②

通过这些有力的改革举措，2007年，在教育部组织的全国性横向评比中，中科大生科院获得了国家级实验教学示范中心、国家级精品课程、国家级教学团队、国家级教学成果、国家级教学名师等荣誉，几乎把教育部正在推行的本科教育质量提升工程的各个奖项都拿到了。

4.3 跨越式发展

1. 科研经费跨越式增长

在生科院从全球广泛招聘优秀科技人才，令学院师资全面换代升级的同时，学院获得的科研经费也在大幅度增加。

这得从PI获得的资助说起。每位PI都得到了从几十万元到几百万元不等的科研启动经费，有的特殊人才还得到了上千万元的实验室建设费。

从20世纪70年代末的基本上没有科研经费，到80年代初的全系每年几

① 沈显生，丁丽俐，滕脉坤，等．本科教育创新与综合改革的研究与实践[J]．研究生教育研究，2008(4)：19-24.

② 沈显生，丁丽俐，滕脉坤，等．本科教育创新与综合改革的研究与实践[J]．研究生教育研究，2008(4)：19-24.

万元科研经费，到1988年申请到3个“863计划”项目获得几百万元的资助，再到21世纪初每位PI平均每年申请到的经费都在100万元以上，2016年以来全院年纵向经费超1亿元。中科大生科院得到的资助量经历了几次大的跨越。

2. 科研设备迅速现代化

与此同时，生科院的研究设备也在迅速现代化。

20世纪90年代后期以来，中科大先后入围教育部的“211工程”“985工程”和中科院的“知识创新工程”，得到的经费支持有了较大提升。生科院努力向学校争取经费，而为了高效利用资源，朱清时等校领导也对包括生科院在内的各院系的发展提出了“大学科、大平台、大项目、大人才”的总要求。于是，生科院领导决定，学院从学校争取来的经费，不直接分给教授们，由学院统一购置一些先进的仪器设备，并将它们置于科研技术平台中，给大家共享，以提升这些资源的利用效率。

2000年，中科大生命科学实验中心开始建设并投入使用，它是学校的六大公共实验中心之一。经过十几年的建设，它先后配备了上百种仪器设备，总价值达到数千万元，其中，单价很高的设备有核磁共振谱仪、X射线单晶衍射仪、激光共聚焦显微镜、流式细胞仪、二维液相色谱多级质谱联用仪、超速离心机等[①]。实验中心“不仅是全校生命科学和生物医学相关学科大型实验仪器测试的支撑平台，也是研究生创新能力培养和实验教学的重要基地”。因为这个原因，2007年，它被评为国家级实验教学示范中心。它在做好为学校科研、教学服务的同时，“还积极为全国高校、科研院所和安徽及周边企事业单位提供测试服务和技术咨询，协助他们解决了一大批技术问题。为中科院、高校以及企业提供测试服务，促进相关教学、科研工作，产生了可观的社会效益和投资效益”。[②]

在建设生命科学实验中心之后，学院还利用科技部、中科院、安徽省和中科大的资源，陆续建成了实验动物中心、安徽省生物药物研发技术服务平台、安徽省医药生物技术工程研究中心等科研技术平台，以及中科院结构生物学重点实验室、中科院天然免疫与慢性疾病重点实验室、安徽省分子医学重点实验室、合肥微尺度物质科学国家实验室（筹）生物大分子结构与功能研究部、合肥微尺度物质科学国家实验室（筹）Bio-X交叉科学研究部等开放实验室。详情可参见

① 中国科大生命科学实验中心仪器设备，http://202.38.95.99/biotech/about/yiqi.php.

② 中国科大生命科学实验中心简介. http://202.38.95.99/biotech/about/show.php?lang=cn&id=19

附录10，就不在此赘述了。

生命科学实验中心

在学院用从学校争取来的经费建设公共技术平台的同时，各位PI也在用他们自己申请到的经费建设自己的实验室。由于买到的多为新型先进仪器，所以，生科院的实验室设备很快就实现了更新换代。生科院副院长、生命科学实验中心主任胡兵曾介绍过这个过程以及他自己的感受：

> 我可以说见证了系里实验设备更新换代的全过程。我上学时，系里用的还是单筒显微镜，连精密一些的显微镜都没有。现在，我们的硬件跟国外比几乎没有差距，甚至有些还优于国外。我有学生毕业以后去德国留学，他发现我们有些设备比德国实验室的还强。从80年代到现在，我们的硬件设施一直在加速升级。每一次我从境外回来，都会发现学校的硬件有了新的变化。我第一次出境是在1994年，去了香港，1997年见证了香港回归，然后我也回归了。回来就发现学校有不少变化。2001年我又一次出境，2007年回来时，学校的变化更是让我震撼不已。国内的科研投入增加了很多，科研设备明显上了台阶，设备之先进我们过去想都不敢想。①

PI制的好处是科学家有较大的自由度，对于自己所从事的科学研究有较大的自主权，但过于分散也不利于科学攻坚。在自愿的基础上，生科院的一些PI联合了起来，申请到了由国家自然科学基金委支持的多个创新群体。譬如，

① 据笔者对胡兵教授的访谈(2017年12月26日)。

施蕴渝、牛立文、滕脉坤、姚雪彪、吴缅、刘海燕、周丛照、吴季辉等8位PI组成了"重要细胞活动和生物分子识别的结构生物学基础"创新群体，以共同研究细胞增殖、分化、凋亡，细胞黏连，细胞极性形成，氧化应激，物质和囊泡输运等分子细胞生物学的前沿科学问题。再如，田志刚、孙汭、魏海明、温龙平、史庆华、肖卫华等6位PI和4位海外教授组成了"天然免疫识别与重大疾病的发生发展"创新群体，以共同研究天然免疫系统与重大疾病发生发展的关系。姚雪彪、牛立文、毕国强、臧建业、符传孩和刘行等6位PI组成了"着丝粒动态组装与调控"创新群体。周荣斌教授领衔组成了"固有免疫识别和调控"创新群体。此外，他们还联合组成了中国科学院结构生物学重点实验室、中国科学院脑功能和脑疾病重点实验室、中国科学院天然免疫与慢性疾病重点实验室、合肥微尺度物质科学国家实验室（筹）生物大分子结构与功能研究部、合肥微尺度物质科学国家实验室（筹）Bio-X交叉科学研究部。联合起来之后，他们能争取到更多的资源，购买更好的设备，共享更多的观念，当然也可以催生出更好的成果。

3. 学生大幅度增多

20世纪90年代后期以来，全国高校出现合并潮、扩招潮。虽然中科大在合并方面基本没有跟风[①]，但本科生的数量和80年代时的每年500—800人相比还是有显著增加，1999年以来基本稳定在每年1800余人——比1958年建校时的每年1600余人略多一点。增加得更快的是研究生。从20世纪80年代的每年三四百人增加到21世纪头10年的每年约5000人。

生科院的学生人数也有明显增长。本科生从20世纪80年代的平均每年47人增加到21世纪头10年的平均每年83人；研究生从20世纪80年代的平均每年14人增加到21世纪头10年的平均每年325人。

中科大生科院的生源本来就好，经"国家级教学名师""国家级教学团队""国家级实验教学示范中心"的悉心栽培后，质量普遍比较高。和20世纪八九十年代的毕业生一样，21世纪生科院的毕业生仍然多数或早或晚会出国留学——有的本科毕业后出国，有的硕士毕业后出国，有的博士毕业后去国外开展博士后研究。每年都有不少毕业生能得到哈佛大学、斯坦福大学等国际一流高校的录取通知书（其中，仅姚雪彪实验室就先后送了11位学生去哈佛大学[②]），仅从这一点就可以知道他们是很优秀的。何况有些同学到国外后还表

① 只是于1999年将规模很小的合肥经济技术学院并入中科大，并将其更名为中科大经济技术学院，但很快该学院就因为缺乏学生报考而没再继续招生。

② 据笔者对姚雪彪教授的访谈（2018年2月5日）。

现得特别优秀。譬如，作为有史以来第一位在哈佛大学毕业典礼上演讲的中国人，何江同学还被誉为“影响世界的青年领袖”“世界30位30岁以下值得关注的新星”。

4. 产出大量成果

进入21世纪后，中科大和其他很多高校一样，要求研究生在毕业前必须发表科学论文。具体到生科院，先是发表一篇JBC(《美国生物化学》)级别期刊论文允许一个学生毕业，后来是发表一篇这样的文章允许两个学生毕业[①]。这就使得生科院每年要毕业的300多名研究生成为了科研的生力军。他们努力工作，发表了大量SCI论文。譬如，仅姚雪彪实验室的同学，从2000年至今就已经和老师合作发表了100多篇SCI论文。

前面已经介绍过，对分子生物学、细胞生物学这类主干课程而言，生科院的本科生、研究生课程已被完全打通。与此同时，学校和学院实行“4+2+3”贯通培养模式，本科生转成硕士生、硕士生转成博士生的比例相当大。这就使得学生无需在进入实验室后一两年就毕业，他们完全可以研究一些大而难的课题，并且一旦解决了，他们所写的论文就能达到相当高的水平。事实上，生科院每年都会有一些学生发表“大文章”。譬如，2006年6月，二年级本科生刘可为就作为第一作者在《Nature》上发表了一篇论文[②]。据统计，近5年来，生科院共发表SCI论文1279篇，以第一单位发表SCI论文697篇，合作发表SCI论文582篇。其中，“在《Cell》《Nature Reviews》《Molecular Cell Biology》《Nature Materials》《Nature Immunology》《Nature Cell Biology》《Nature Communications》《Immunity》《PNAS》等刊物上以第一单位发表5分以上的高水平学术论文246篇”[③]。

发表论文只是展现研究成果的一种方式。对国家的经济而言，其实更重要的是形成可以产业化的成果，譬如专利。在这方面，生科院也有一些斩获。譬如，田志刚院士团队的授权专利就包括以下多项：

(1) 特异性抗小鼠TIGIT的单克隆抗体及其制备方法、鉴定及应用(专利号ZL201210590618.9)。

(2) 抗人NKp30单克隆抗体的制备、鉴定及应用(专利号

---

① 据笔者对姚雪彪教授的访谈(2018年2月5日)。

② LIU K W, LIU Z J, HUANG L. Pollination: self-fertilization strategy in an orchid[J]. Nature, 2006,441(7096):945-946.

③ 中国科学技术大学生命科学学院科研总览. http://biox.ustc.edu.cn/2010/0701/c738a3940/page.htm.

ZL201010531489.7)。

(3) 能与 NKp80 受体结合的多肽及其应用(专利号 ZL200910092024.3)。

(4) NKG2D 受体的配体及其应用(专利号 ZL200410096051.5)。

(5) 一种特异性人肺特异 X 蛋白的单克隆抗体的制备、鉴定及应用(专利号 ZL201210590391.8)。

(6) 一种构建膜蛋白 CDNA 文库的方法及应用(专利号 ZL200810119120.8)。

(7) CD226 胞外段蛋白抑制肿瘤细胞增殖的用途(专利号 ZL201310431933.1)。

(8) 白细胞介素-12 的高效表达方法(专利号 ZL03131567.4)。

(9) 一种检测重组人白细胞介素-12 蛋白活性的方法(专利号 ZL201010134960.9)。

(10) 一种 rhIL-12 工程细胞大规模无血清培养方法(专利号 ZL201110208009.8)。

他们正在申请的一些专利:

(1) 特异性抗人上皮细胞黏附分子(EpCAM)的单克隆抗体的制备、鉴定及应用(专利申请号 201310231680.3)。

(2) 可溶性 CD83 的表达和制备方法(专利申请号 201310187915.3)。

(3) 一种高效制备重组人 MICA 蛋白的方法(专利申请号 201410027717.5)。

(4) 一种人 IL-12 亲和纯化层析柱、其制备方法及利用其纯化重组人 IL-12 的方法(专利申请号 201210093656.3)

他们的一些专利还作为成果转化了出去。譬如,“2015—2016 年,生命学院与安徽丰原药业签订‘人重组白介素-12 药物’转让合同,技术转让费总额度 5000 万元。生命学院与合肥瑞达免疫药物研究有限公司签订‘NK 免疫细胞治疗技术’和‘IGIT 等系列免疫治疗药物技术’转让合同,技术转让费总额度 5200 万元”[①]。

生科院还在进行一些可能不会申请专利,但实用价值非常大的研究。譬如,周丛照教授的团队正在尝试用生物学的手段改善一些湖泊如巢湖的水质:湖泊变臭主要是因为蓝藻密度超过临界点,然后分泌毒素把鱼虾等杀死。他们试图在临界点到达之前,于局部地区投放噬藻体。噬藻体侵染后蓝藻会裂解,释放出更多的噬藻体;更多的噬藻体会吃掉更多的蓝藻……如此反复,形成一个快速放大的级联反应,然后,蓝藻的量得到抑制,水华也就不再爆发了[②]。这

① 中国科学技术大学生命科学学院科研总览,http://biox.ustc.edu.cn/2010/0701/c738a3940/page.htm.

② 据笔者对周丛照教授的访谈(2017 年 12 月 19 日)。

项研究若能成功，将会对水污染的治理产生巨大的影响。

5. 学院实现跨越式发展

总的说来，和以前相比，近 20 年来中科大生命科学方面的研究，不论是量的层面，还是质的层面，都出现了很大的进步。情况正如周丛照所说：

> 在我回国后的这 14 年中，我见证了生科院科研水平的迅速提升。我国的科研经费增长了很多。经费增长后，我们的实验条件、科研环境比以前好了很多，这进一步导致整个中国的科研水平，包括科大和生科院在内，都出现了爆发式增长。我去法国读联合培养的博士时，看到一个德国科学家发表了一百篇文章，顿时觉得这是我这辈子都不可能实现的目标。我上学时，觉得 JBC(《美国生物化学杂志》)或《核酸研究》就是“神刊”，这辈子能在上面发一篇文章就很了不起了。现在，稍微“灵光”、中等偏上的博士生就可以很轻松地发一篇。不论是数量，还是质量，我们的进步都非常大，非常明显。这么大的变化就发生在短短的十几年时间内，以前都不能想象。①

和国内其他生物类院系相比，中科大生科院也有长足的进步：从以前的鲜为人知，变成了当下的众所瞩目。在教育部组织的最近几轮学科评估中，中科大生科院生物学一级学科 2008 年是第 13 名，2012 年是并列第 5 名，2016 年是 A(其中 A+为三所，A 即并列第 4 名)。从这些成绩可以看出，虽然中科大生科院的体量不大，但其绝对实力已经进入全国第一梯队。

2017 年年底，生科院迎来了一个更大的发展机会——它成为了中科大新建的生命科学与医学部的重要组成部分，而安徽省立医院则被更名改建为“中国科学技术大学附属第一医院”，成了生命科学与医学部重要的临床部分。这是一个筹划了近十年的行动，实现了几代中科大生命科学人实质性进入医学研究领域的梦想。

生命科学与医学部的成立，可谓是得天时、享地利、通人和。天时方面，随着国家“健康中国”战略的深入推进，中科院“率先行动”计划的持续升级，安徽省创新型省份和“五大发展、美好安徽”建设的不断深入，对医疗健康领域的科技创新需求比任何时候都迫切，中科大作为科技创新的重镇对促进这一需求的实现责无旁贷。地利方面，作为第二个获批综合性国家科学中心的省级区域，安徽省亟须补齐在健康领域创新平台建设上的短板，以实现后发赶超。而作为

① 据笔者对周丛照教授的访谈(2017 年 12 月 19 日)。

安徽省内高等教育的领头羊，中科大向医学领域拓展，创建一所“世界知名、国内一流”的医(学)院，不仅是优化学科结构、健全学科生态、构筑学校未来发展的增长极的重要举措，还是对接地方科技战略发展、实实在在回馈江淮人民厚爱的行为。人和方面，生命科学与医学部为安徽省人民政府、国家卫生健康委员会、中国科学院三方所共建，由第十二届全国政协副主席、北京大学前医学部主任韩启德院士出任顾问委员会(由52位海内外专家组成)主任；中科院生物物理所前所长、南开大学前校长饶子和院士任筹建工作组组长。2017年11月27日，学院第三任院长田志刚教授当选为中国工程院院士，令中科大开始有了首位医药卫生学部的院士，也可谓正逢其时。

新时代的中科大提出了“理工医交叉融合，医教研协同创新，生命科学与医学一体化发展”的“科大新医学”总体目标。生命科学与医学部以建立基础研究与临床转化的新路径、解决国计民生重大战略需求为目标，将集中科大的理工优势，将现代科技应用在医学领域，以实现轻装上阵，后来居上。前途十分美好。

可以说，最近20年是中科大生命科学大发展的20年。中科大生科院犹如一匹黑马，在教学和科研方面获得快速而巨大的发展，成功实现跨越式发展，成为了国内众多生命科学学院中的出类拔萃者。

生科院近20年的发展，是中科大近20年发展的一个缩影。20世纪90年代前期，中科大和其他中西部高校一样遭遇了危机，但她成功地抓住了90年代后期以来的各种机遇。不仅如此，在很大程度上还是她令合肥成了继北京和上海之后的第三个国家综合性科学中心。

生科院近20年的发展，还是中国近20年科学发展状况的一个缩影。近20年来，随着国家对科学和高等教育的大量投入，各种人才计划陆续出台，吸引了大量优秀人才回国，这些优秀人才和他们所指导的学生，在中国这片土地上产出了大量成果，在一定程度上令中国的科学、技术水平实现了大幅提升。

中科大生科院确实有了较大的发展，但和国际上那些先进的生命科学院系相比，还存在明显的不足。譬如所吸引到的优秀博士后不多(大量的优秀博士，包括生科院自己培养的也去了其他国家)，他们还没能成为研究的主力；对技术人员的激励不够，技术支撑系统不够稳定、高效；科研产出以论文为主，大量研究距产业化尚十分遥远，等等。这些不仅仅是中科大生科院的不足，还是整个中国科学的不足之处。生科院的发展，还任重而道远；中国科学的发展，同样任重而道远。

结　语

迄今为止，中科大生命科学经历了 60 年的风风雨雨，有发展顺利的时候，也经历了很多危机，而其领导机构的中坚力量，总是竭力抓住机会，在保全机构的同时，还令其有所发展：在生物物理系时期建立了良好的教学传统；在物理系生物物理专业时期保持了教学传统；在生物学系时期建立了研究传统；在生命科学学院时期大量引进人才、锐意改革，实现跨越式发展，步入全国先进行列。在 60 年的历程中，出了大量人才，也出了不少成果。

之所以能够如此，是因为中科大生命科学人继承了建校之初老一辈科学家们所具有的科教报国的家国情怀，历来勤奋、朴素，敢为天下先、甘为孺子牛，一直踏踏实实向前进。他们没有躺在功劳簿上睡大觉，也没有随波逐流，而是怀有强烈的危机感，顺利时没有忘乎所以，遭遇低谷时也不气馁。于是，他们能体察到危险，能看到机会，能抢先抓住机会，敢于根据新形势进行必要甚至有些超前的改革。他们仰望星空，有理想，有抱负；他们与爱同行，爱祖国，爱科学，爱科大，爱学生；他们脚踏实地，勤奋努力；他们追求卓越，锐意改革，抢抓机遇，他们永不言弃，在最困难的时候也要用孺子牛的精神砥砺前行。

这里体现出居安思危的态度和强烈的创新精神，无论是科研上的创新，还是制度上的创新。在全国性的长时段大赛中，心气很高、不肯居后的机构很多，历史悠久、家底丰厚的机构也很多，有几家能不断超越竞争对手，跑到前面去？又有几家能够保持领先？只有由那种居安思危、敢为天下先的人组成的和谐团队，才能做到这一点。

2017 年 12 月 23 日，中科大组建生命科学与医学部，生科院迎来了一个更大的发展机会，实现了几代中科大生命科学人实质性进入医学研究领域的梦想。

希望在新一轮的赛跑中，中科大生命科学能够把优秀的传统发扬光大，能建立更好的制度和文化氛围，能以“拼”的态度，在保持先进的同时，进入更加领先的状态！

附　　录

附录1　历届领导名录

时　间	职　务	姓　名
1958—1963	生物物理系主任	贝时璋(学部委员)
	生物物理系副主任	沈淑敏
	生物物理系党总支书记	何曼秋(1958—1959)
1964—1973	生物物理专业主任	沈淑敏
	生物物理专业主任助理	赵　文
	生物物理专业教研室副主任	苏雅娴
	生物物理专业党支部书记	孔宪惠
1973—1976	生物物理专业党支部书记	孔宪惠
	生物物理专业连队主任	陈惠然
	生物物理专业连队副主任	包承远
	生物物理专业连队指导员	麦汝奇
1978—1980	生物系主任	庄孝僡(学部委员)
	生物系副主任	邹承鲁(学部委员)
	生物系副主任	沈淑敏
	生物系副主任	杨纪柯
	生物系副主任	孔宪惠
	生物系党总支书记	张炳钧
	生物系党总支副书记	刘　兢

续表

时 间	职 务	姓 名
1980—1983	生物系主任	龚立三
	生物系副主任	孔宪惠
	生物系副主任	贾志斌
	生物系副主任	寿天德
	生物系党总支书记	张炳钧
	生物系党总支副书记	刘 兢
	生物系党总支副书记	王更生(1982—1983)
1984—1985	生物系主任	寿天德
	生物系副主任	施蕴渝
	生物系党总支书记	孔宪惠
	生物系党总支副书记	刘 兢
	生物系党总支副书记	王更生
1985—1987	生物系主任	寿天德
	生物系副主任	施蕴渝
	生物系党总支书记	蔡新元
	生物系党总支副书记	刘 兢
	生物系党总支副书记	王更生
1987—1991	生物系主任	寿天德
	生物系副主任	施蕴渝
	生物系党总支书记	刘 兢
	生物系党总支副书记	王更生
1992—1995	生物系主任	寿天德
	生物系副主任	施蕴渝
	生物系副主任	崔 涛
	生物系党总支书记	刘 兢
	生物系党总支副书记	王更生
1996—1998	生物系主任	刘 兢
	生物系副主任	牛立文
	生物系党总支书记	王更生
	生物系党总支副书记	丁丽俐

续表

时间	职务	姓名
1998—2003	生命科学学院院长	施蕴渝
	生命科学学院副院长	刘　兢
	生命科学学院副院长	牛立文
	生命科学学院党总支书记	王更生
	生命科学学院党总支副书记	丁丽俐
	生命科学学院院长助理	滕脉坤
2003—2009	生命科学学院院长	林其谁
	生命科学学院执行院长	牛立文
	生命科学学院副院长	田志刚
	生命科学学院副院长	徐卫华(2003—2005)
	生命科学学院副院长	滕脉坤(2006—2009)
	生命科学学院党总支书记	王更生(2003—2008)
	生命科学学院党总支书记	滕脉坤(2008—2010)
	生命科学学院党总支副书记	丁丽俐
2010—2014	生命科学学院院长	田志刚
	生命科学学院副院长	滕脉坤
	生命科学学院副院长	周江宁
	生命科学学院副院长	周丛照
	生命科学学院党总支书记	滕脉坤
	生命科学学院党总支副书记	丁丽俐
	生命科学学院院长助理	吴　缅
2015 年至今	生命科学学院院长	张明杰
	生命科学学院执行院长	薛　天
	生命科学学院副院长	魏海明
	生命科学学院副院长	臧建业
	生命科学学院副院长	胡　兵
	生命科学学院党委书记	魏海明
	生命科学学院党委副书记	丁丽俐
	生命科学学院院长助理	潘文宇

附录2　院 士 简 介

贝时璋院士

贝时璋(1903 年 10 月 10 日—2009 年 10 月 29 日),男,生物学家,我国生物物理学、放射生物学、宇宙生物学的开创者。1903 年生于浙江镇海,1921 年毕业于上海同济医工专门学校医预科。1928 年获德国图宾根大学自然科学博士学位。1948 年当选为中央研究院院士。1955 年被选聘为中国科学院学部委员(院士)。

贝时璋(1903—2009)

从 20 世纪 30 年代起长期从事实验生物学研究,对生物的细胞常数、再生、性转变以及细胞的结构和分裂等进行研究并提出了“细胞重建”假说。为纪念贝时璋在学术上的贡献,2003 年中国国家天文台将第 36015 号小行星命名为“贝时璋星”。

1929 年回国后曾任浙江大学教授、生物系主任、理学院院长,中国科学院实验生物研究所、北京实验生物研究所所长等职。1958 年创立中国科学院生物物理研究所并任所长,同年 9 月,根据“全院办校,所系结合”的办学方针创立中国科学技术大学生物物理系并担任首任系主任。

庄孝僡院士

庄孝僡(1913年9月23日—1995年8月26日),男,实验胚胎学家。1913年出生于山东莒南。1935年毕业于山东大学生物系。1936年赴德国留学,1939年获慕尼黑大学哲学博士学位。1980年当选为中国科学院院士(学部委员)。

庄孝僡(1913—1995)

曾受到中国实验胚胎学主要创始人童第周的启蒙,在研究胚胎发育中细胞和组织的分化、诱导因子的分析、反应系统的变化以及两栖类胚胎刺激传导的能力及细胞间通信、信息传递途径在个体发育和系统发生中的演变等方向上都取得了开创性的成果。

1946年回国后历任北京大学动物系教授、主任;中国科学院上海细胞生物学研究所(原实验生物研究所)研究员,发生生理研究室主任、副所长、所长、名誉所长。1978—1980年兼任中国科学技术大学生物系主任,1979—1983年兼任中国科学院发育生物学研究所所长。参与发起创立中国细胞生物学会,并于1980年在成立大会上当选为首届理事长。曾任第三届全国人大代表,第五届、第六届、第七届全国政协委员。

邹承鲁院士

邹承鲁(1923 年 5 月 17 日—2006 年 11 月 23 日),男,生物化学家,原籍江苏无锡,1923 年生于山东青岛。1945 年毕业于西南联合大学化学系。1951 年获英国剑桥大学生物化学博士学位。1980 年当选为中国科学院院士(学部委员)。1992 年当选为第三世界科学院院士。

邹承鲁(1923—2006)

20 世纪 60 年代,作为我国人工合成牛胰岛素研究工作中的主要参与者,负责胰岛素分子 A 链和 B 链的拆合,在该项工作中做出了重要贡献。建立了蛋白质必需基团的化学修饰和活性丧失的定量关系公式和作图法,被称为"邹氏公式"和"邹氏作图法"。在生物化学领域做了多项开创性工作,其成果在国际上得到广泛使用。曾多次获国家自然科学奖一、二、三等奖,曾获何梁何利基金科学与技术进步奖。

历任中国科学院生物化学研究所、生物物理研究所研究员;生物大分子国家重点实验室主任;中国科学院生物学部主任,学部主席团成员;全国政协第五、六、七届委员,第八届常委。1978—1980 年曾兼任中国科学技术大学生物系副主任。

林其谁院士

林其谁，男，生物化学家。1937年出生于福建莆田。1959年毕业于上海第一医学院。

林其谁(1937—)

近年来，在大鼠肝线粒体中发现了一种不同于F1的没有ATP酶活力的可溶性耦联因子；建立了从哺乳动物棕色脂肪组织线粒体提纯质子信道解耦联蛋白的方法；通过研究脂质体与细胞膜的相互作用，发展出将外源DNA有效导入哺乳细胞的新型含硬脂胺的阳离子脂质体；提出了表皮生长因子受体酪氨酸激酶活化的二步机制等重要研究成果。

曾任中国科学院上海生物化学研究所所长、中国科学院生命科学和医学学部主任、联合国教科文组织国际细胞研究组织主席、亚洲大洋洲生物化学家与分子生物学家联合会主席。2003—2009年曾任中国科学技术大学生命科学学院院长。现为中国科学院上海生命科学研究院研究员。

2003年当选为中国科学院院士。

徐洵院士

徐洵，女，海洋环境工程专家，1934年出生于福建建瓯。1957年毕业于中国医科大学。

徐洵（1934—　）

早年利用DNA重组技术首次在海洋低等生物中发现人功能蛋白的原始基因。创建了我国第一个海洋基因工程实验室。首次将基因技术应用于海洋环境科学领域，解决了海洋病毒污染快速检测的难题。率先克隆了我国海水鱼类基因，成功地构建了我国第一个拥有知识产权的海洋基因工程菌。在国内外率先破解了严重危害对虾养殖业的动物病毒——对虾白斑病病毒基因组密码，为病毒防治奠定了基础。近年来带领科研团队在国内率先开展了“深海生物遗传资源”的研究。曾获国家海洋局科技进步奖和中科院自然科学奖等多项奖励。

现任国家海洋局第三海洋研究所研究员，厦门大学、中山大学兼职博士生导师。1979—1990年，历任中国科学技术大学生物系教授、博士生导师，这一段时期，曾先后为生物系创建了生物化学实验室与分子生物学实验室。

1999年当选为中国工程院院士。

王大成院士

王大成，男，分子生物物理学家，1940 年出生于四川成都。1958 年考入中国科学技术大学，成为首届学生，进入生物物理系学习。1963 年毕业后进入中科院生物物理所工作至今。

王大成(1940—)

早年作为主要成员之一，参加我国第一个蛋白质晶体结构(猪胰岛素)测定工作，研究成果达到当时世界先进水平，在国内外产生重要影响。近年来主要从事生物大分子结构生物学研究，重点研究疾病发生与防御的蛋白质结构与功能基础及基于三维结构的分子机理。在蛋白质激素、多肽生物毒素、动植物防御蛋白，以及一些重要原菌感染宿主的关键蛋白和内源基因突变致病相关蛋白的三维结构及相关机理等方面，取得了具有系统性和创造性的学术成绩。曾获 1982 年和 1987 年国家自然科学奖二等奖。

曾任中科院生物物理研究所副所长、分子生物学研究中心主任，现为中国科学院生物物理所研究员、博士生导师。

2005 年当选为中国科学院院士。

陈润生院士

陈润生，男，生物信息学家，1941 年出生于天津。1959 年考入中国科学技术大学生物物理系，1964 年毕业后进入中国科学院生物物理研究所工作至今。1994—2003 年，作为访问学者或访问教授先后在香港中文大学、德国纽伦堡大学、美国加州大学洛杉矶大学、美国哈佛大学、日本大阪大学蛋白质研究所、中国台湾理论科学中心等从事合作研究。

陈润生(1941—)

主要从事生物信息学研究。在基因标注、生物进化、SNP 数据分析、生物网络、非编码基因等方面进行了系统、深入的研究。近年来主要从事非编码 RNA 的系统发现与功能研究。1996 年在第十五届国际科学技术数据委员会(CODATA)大会上获得“小谷正雄”奖，2008 年获何梁何利基金科学与技术进步奖，2012 年获谈家桢生命科学成就奖，2013 年获国家科技进步奖二等奖。

2007 年当选为中国科学院院士。

施蕴渝院士

施蕴渝，女，生物物理学与结构生物学家，1942 年出生于重庆。1960 年考入中国科学技术大学生物物理系，1965 年毕业，被分配到卫生部中医研究院工作。1970 年起至今在科大任教。1979—1981 年在意大利罗马大学化学系及意大利 CNRS 结构化学实验室进修，后来还曾作为访问学者在荷兰格罗宁根大学物理化学系、法国 CNRS 酶学与结构生物学实验室、法国理论化学实验室进修或进行合作研究。早年主要从事生物大分子分子动力学模拟及与蛋白质分子设计及药物设计有关的基础理论和方法学的研究，近年主要用结构生物学方法（核磁共振波谱学和结晶学）研究基因表达调控（特别是表观遗传调控）与细胞命运决定的分子机理，有诸多创新性成就。在国际学术期刊发表论文 150 多篇，他引 2800 余次。

施蕴渝（1942—　）

1984—1996 年，任中国科学技术大学生物系副主任。1998—2002 年，担任生命科学学院首任院长。

2001—2010 年，任教育部高等学校生物科学与生物工程教学指导委员会主任。2007 年荣获国家教育部授予的第三届高等学校教学名师奖。现任中国生物物理学会常务理事、国际磁共振学会理事会成员。

1997 年当选为中国科学院院士。2009 年当选发展中国家科学院院士。

王志珍院士

王志珍，女，生物化学与分子生物学家，1942 年出生于上海，1959 年考入中国科学技术大学生物物理系，1964 年毕业进入中国科学院生物物理研究所工作至今。

王志珍(1942—　)

1979—1982 年，曾先后在德国羊毛所与美国国立卫生研究院(NIH)进修并参与合作研究。回国后，在蛋白质折叠，折叠酶和分子伴侣胰岛素 A、B 链相互作用及重组等研究中做出重要贡献。最先提出“蛋白质二硫键异构酶既是酶又是分子伴侣”的假说，打破两大类帮助蛋白的界限，总结出折叠酶新的作用模式。最早成功地用蛋白质二硫键异构酶催化同一基因编码的两条肽链的正确重组，提出“胰岛素 A、B 链已经含有足够的结构信息而能相互识别和相互作用，并形成结构最稳定的天然胰岛素分子”。

现为中国科学院生物物理研究所研究员。曾任第十一届全国政协副主席，九三学社第十一、十二届中央委员会副主席。

2001 年当选为中国科学院院士，2005 年当选为发展中国家科学院院士。

陈霖院士

陈霖，男，认知科学和实验心理学家，原籍福建福州，1945年出生于四川成都。1970年毕业于中国科学技术大学。

陈霖（1945— ）

1982年在《Science》上提出拓扑性质初期知觉理论。之后20多年在知觉领域刊物发表一系列论文；21世纪初又在《Science》《PNAS》上发表多篇论文，全面系统地发展了"大范围首先"的视知觉拓扑结构和功能层次的理论。2004年获求是科技基金会杰出科学家奖。

先后任"85攀登计划"项目首席科学家、"基金委重大项目"负责人、"973计划"项目首席科学家。1973—1985年，在中国科学技术大学生物系任教，1980—1983年作为访问学者、博士后前往加州大学开展研究。1985—2001年，任中国科学技术大学教授。现为中国科学院生物物理研究所研究员、脑与认知科学国家重点实验室主任。

2003年当选为中国科学院院士，2009年当选为发展中国家科学院院士。

饶子和院士

饶子和，男，分子生物物理与结构生物学家，1950 年出生于江苏南京。1977 年本科毕业于中国科学技术大学，1982 年获中国科学院研究生院硕士学位，1989 年获墨尔本大学博士学位。

饶子和（1950—　）

主要从事与重大疾病或重要生理功能相关的蛋白质三维结构、功能以及蛋白质工程与创新药物的研究，在线粒体膜蛋白复合体Ⅱ晶体结构、SARS 冠状病毒蛋白酶的晶体结构、拓扑性质初期知觉理论等研究中都取得了一系列重要的原创性成果。获得国家专利 100 余项，多次获国家自然科学奖一等奖、二等奖，2003 年获何梁何利基金科学与技术进步奖，2016 年获第二届树兰医学奖。

曾任清华大学教授、博士生导师，中国科学院生物物理研究所所长，南开大学校长，天津市政协副主席。现任国际纯粹与应用生物物理联合会（IUPAB）主席。

2003 年当选为中国科学院院士。2004 年当选为第三世界科学院院士。

田志刚院士

田志刚，男，免疫学家，原籍山东莱州，1956年出生于新疆若羌。1982年本科毕业于山西医科大学，1989年获白求恩医科大学（现吉林大学医学部）免疫学博士学位。

田志刚（1956— ）

1993年开始多次赴美国国立卫生研究院癌症研究所进行合作研究。主要从事NK细胞、肝脏免疫学等方面的研究。目前已突破NK细胞免疫治疗技术瓶颈，创建NK细胞规模化扩增和基因修饰技术。获国家发明专利授权20余项。曾获国家自然科学二等奖、国家科技进步二等奖，2015年获何梁何利基金科学与技术进步奖。

现任中国科学技术大学生命科学学院教授、医学中心主任、免疫学研究所所长，中国科学院天然免疫与慢性疾病重点实验室主任，中国免疫学会理事长，国际免疫学联盟执委。2003—2014年，历任中国科学技术大学生命科学学院副院长、院长。

2017年当选为中国工程院院士。

卓敏院士

卓敏，男，神经生物学家，1964 年出生于福建霞浦。1980 年考入中国科学技术大学生物系，1985 年毕业后考入中国科学院上海生理研究所攻读研究生，转博后前往美国依阿华大学药理系进行联合培养，并于 1992 年获该校博士学位。

卓敏(1964—　)

长期从事与痛觉有关的生物学研究，目前主要研究方向为中枢学习记忆机制、痛觉传递的中枢可塑性及其突触分子机制、焦虑和其他精神病机制。目前已在国际权威杂志发表研究论文 200 余篇、综述 24 篇，拥有 5 项有关新药研制的国际及美国专利。

曾任美国华盛顿大学医学院教授、华盛顿大学痛觉中心基础研究部主任。

现任加拿大多伦多大学生理系终身正教授、EJLB 基金会和加拿大国立研究院第一届及神经科学领域唯一的特聘教授、加拿大国家特聘研究教授。

2009 年当选为加拿大皇家科学院院士。

骆利群院士

骆利群，男，神经生物学家，1966 年出生于上海，1981 年考取中国科学技术大学少年班，曾在科大生物系就读，1985 年被中科院上海生物化学研究所免试录取为研究生，1987 年赴美留学，1992 年获得美国波士顿布兰德斯大学生物学博士学位，毕业后进入美国加州大学旧金山分校从事博士后研究。

骆利群(1966—)

主要研究方向为神经发育、神经网络的构建与组织神经科学的技术开发，对于突触分枝以建立和维持神经回路领域的研究处于国际领先水平。目前已在转基因、细胞重组等方面获得 3 项美国专利。曾获麦克奈特基金会神经科学技术创新奖。

1996 年进入斯坦福大学任教，先后担任助理教授、副教授、教授。2005 年当选为霍华德·休斯医学研究所研究员。2012 年当选为美国艺术与科学学院院士、美国国家科学院院士。

张明杰院士

张明杰，男，神经系统结构生物学家，1966 年出生于浙江宁波。1988 年毕业于复旦大学，1993 年获加拿大卡尔加里大学博士学位。

张明杰(1966—　)

主要运用核磁共振、蛋白化学、分子生物学以及细胞生物学等多种研究手段，研究构建神经突触信号传导复合体的分子基础和动态调控，以及相关蛋白的传输。提出了多结构域蛋白质中各结构域相互作用形成蛋白质超结构域的概念；研究了一系列由于遗传突变所导致的中枢及周边神经系统疾病的发病机理。2003 年获裘槎基金会优秀科研者奖，2006 年获国家自然科学奖二等奖，2011 年获何梁何利基金科学与技术进步奖。

现为香港科技大学讲座教授。2015 年起兼任中国科学技术大学生命科学学院院长。

2011 年当选为中国科学院院士，2015 年当选为中国香港科学院创院院士。

附录3　教职工名录

早期及曾经工作过的教职工名录

包承远	贝时璋	蔡新元	曹　磊	曹永昌	陈　霖
伏义路	龚建中	龚立三	龚为加	顾凡及	何景就
何曼秋	黄婉治	贾志斌	江振声	蒋巧云	金用九
孔敖繁	孔宪惠	李　钦	李　秀	李公岫	李淑杰
李兴国	李祯祥	梁栋材	廖　侃	林其谁	林治焕
刘振乾	鲁　阳	路　阳	罗　普	马秀权	麦汝奇
潘仁瑞	邱克文	曲　华	曲善乐	申维民	沈淑敏
苏代荣	苏雅娴	孙家美	孙纹琦	孙玉温	万　谦
汪云九	王　臣	王曼霖	王培之	王元君	韦安之
武　军	武传金	夏发生	徐　洵	徐凤早	徐海津
徐卫华	薛晋堂	严有为	燕坤元	杨纪珂	姚敏仁
叶毓芬	余明琨	张　晓	张炳钧	张培仁	张仲伦
张竹山	赵　文	郑若玄	郑竺英	钟龙云	庄　鼎
庄孝僡	邹承鲁				

1994年教职工名录

白永胜	鲍时来	蔡志旭	曹　蓓	曾王勇	陈　东
陈　英	陈惠然	陈湘川	承　新	崔　涛	代新华
丁丽俐	段德清	冯　剑	龚为民	顾月华	杭　俊
何海辉	何守榕	胡　兵	黄雨初	康莲娣	孔令方
雷少琼	李祥瑞	李晓明	李振刚	刘　兢	刘　琴
刘瑞芝	刘咸安	刘亚萍	鲁润龙	罗　丹	牛立文
潘文宇	任方明	阮迪云	沈海根	沈为群	施蕴渝
寿天德	孙红荣	滕脉坤	王　淳	王传才	王更生
王丽莉	王贤舜	王秀海	王玉珍	吴季辉	吴赛玉
伍传金	邢晓云	徐　冲	徐　建	徐桂林	徐耀忠

许贞玉　杨　铁　尹路明　张达人　张胜和　张文发
赵云德　周丛照　周逸峰　朱聪杰　朱学良　朱学勇

现任教职工名录

安　科　白　丽　白永胜　毕国强　蔡　刚　仓春蕾
陈　林　陈　泉　陈　曦　陈代还　陈聚涛　陈永艳
陈宇星　程晓蕾　程新萍　单　革　丁　勇　丁丽俐
符传孩　高　平　高永翔　龚庆国　光寿红　郭　振
何海辉　洪　洞　胡　兵　黄成栋　黄丽华　黄伊娜
江　维　江永亮　金腾川　金长江　赖晓寒　李　杰
李　婕　李　珺　李　旭　李卫芳　刘　丹　刘　岗
刘　行　刘　强　刘北明　刘海燕　刘晓燕　刘振邦
龙　冬　罗昭锋　马　菁　马世嵩　梅一德　牛立文
欧惠超　潘文宇　彭　慧　蒲春雷　瞿　昆　任继树
阮　科　申　勇　沈为群　沈显生　施荣华　施蕴渝
史庆华　宋晓元　孙　成　孙　汭　孙宝林　孙红荣
孙林峰　唐朝舜　唐雅珺　陶余勇　滕脉坤　田长麟
田志刚　涂晓明　汪　铭　汪香婷　王　朝　王　昊
王　婉　王冬梅　王秀海　王雪娟　王以庶　王育才
王宗贵　魏海明　温　泉　温龙平　吴　高　吴　缅
吴　旭　吴季辉　吴清发　向成斌　肖卫华　熊　伟
熊　英　徐　冲　徐艳艳　许　超　薛　天　杨　玲
杨　真　杨代霞　杨昱鹏　杨振业　姚雪彪　叶　菁
余　群　俞红云　岳　挺　臧建业　张　倩　张　智
张海燕　张华凤　张家海　张隆华　张效初　张志勇
赵　萍　赵　伟　赵　忠　赵丽萍　郑基深　郑小虎
郑晓东　周丛照　周江宁　周可青　周荣斌　周逸峰
朱　峰　朱　书　朱　涛　朱聪杰　朱中良

附录 4　中国科学技术大学生物学系简介(1996 年)[①]

通讯地址:安徽省合肥四号信箱生物学系　　邮政编码:230027
电　　话:(0551)3601437,3601438　　图文传真:(0551)3631760

1. 生物学系简介

生物学系的前身是中国科学技术大学于 1958 年在北京建校时设立的生物物理系。在"文化大革命"期间,本系于 1970 年随学校迁至安徽省合肥市,1978 年改名并重新组建为生物学系。

生物学系的主要任务是培养德、智、体全面发展的优秀本科生和研究生。作为全国同类院校中一个有活力、有特色的系,实施本科五年制教育,其间不仅强调培养学生坚实的数、理、化及生物学基础,而且重视对学生实验技能的培养,这使得学生将来能适应广泛的生物学研究领域。生物学系本科生至少有一年时间参加研究工作,以获得学士学位,可另用 3 年时间攻读硕士学位,再用 2—3 年时间攻读博士学位。

中国科学技术大学是全国重点大学之一,其基础理论研究始终位于全国前列。本校从事生物学领域工作的教师有 75 名。生物学系的大多数教师具有在国外相关实验室工作一年以上的经历。生物学系授予本科生生物学士学位,并拥有生物物理学、分子生物学硕士学位、博士学位授予权及细胞生物学硕士学位授予权,建有生物学博士后流动站。目前在生物学系注册的本科生有 300 名,研究生 45 名。

生物学系多年以来一直承担着国家高技术研究发展计划项目、国家科委重大基础理论研究项目、中国科学院重大项目、安徽省重大攻关项目、国家自然科学基金项目等科研课题,是本校获得基金资助最多的系,显示了较强的竞争力和巨大的潜力。在过去的 30 多年中,生物学系为国家输送了大批有才干的青年学生,他们已经成为社会各方面的骨干,特别是在科学的研究领域里获得了丰硕的成果。

① 摘自中国科学技术大学档案馆 1993-XZ11-34 号档案。它于 1993 年初次印制,1996 年有补充,此处为 1996 年的补充版。为节省篇幅,略去了各教师的"近期论文和著作"部分。

2. 生物学系系主任

第一任系主任:原中国科学院生物物理研究所所长,现名誉所长
学部委员　　贝时璋教授

现任系主任:寿天德　　教授
现任系副主任:施蕴渝　　教授
刘　兢　　教授
牛立文　　教授

3. 系学术委员会

主　任:施蕴渝
委　员:(以姓氏笔画为序)
王玉珍　王贤舜　牛立文　刘　兢
李振刚　寿天德　陈惠然　崔　涛

4. 主要师资

王玉珍

1968 年毕业于北京农业大学生物学院生化专业(研究生毕业),生物化学及分子生物学副教授,生物化学教研室主任。1986—1988 年美国加州大学圣地亚哥分校分子遗传学中心访问学者。

研究兴趣:基因结构、基因表达调控、蛋白质工程。

研究课题:葡萄糖异构酶蛋白质工程(国家高技术研究发展计划)。

王贤舜

1960 年毕业于北京大学生物系,生物化学副教授。1985—1986 年英国帝国理工学院生物工程中心访问学者。安徽省生化学会理事长。

研究兴趣:核酸的分子生物学、蛋白质工程。

研究课题:枯草杆菌蛋白酶的蛋白质工程(国家高技术研究发展计划)。

牛立文(博士生导师)

1982 年毕业于中国科学技术大学生物系,学士;1986 年在中国科学院生物

物理研究所获硕士学位。分子生物物理学教授。1993 年美国普渡大学访问学者。

研究兴趣：结构生物学的若干问题，重点是蛋白质晶体学以及生物大分子空间结构与功能关系。

研究课题：① 蛇毒蛋白的三维结构与功能研究（中国科学院重大基金项目）；② 葡萄糖异构酶的蛋白质工程（国家高技术研究发展计划）。

孔令芳

1966 年毕业于安徽大学无线电电子学系，生物电子学高级工程师。

研究兴趣：生物电子学、微机在生物学中的应用、生物医学仪器的研制开发。

李振刚（博士生导师）

1956 年毕业于北京师范大学生物系，1959 年研究生毕业于北京师范大学化学系生物化学专业。分子遗传学教授，细胞生物学教研室主任。曾应邀到美国华盛顿大学（1987）、意大利米兰大学（1987—1988）、加拿大不列颠哥伦比亚癌学研究中心（1992－1993）进行合作研究。国家教委生物学教学指导委员会教材编写建设组成员，《激光生物学》编委，《生物学杂志》主编。

研究兴趣：染色质遗传工程，发育、癌变、衰老过程的机制。

研究课题：① 低等动物癌变研究（国家自然科学基金项目）；② 染色质遗传工程（中国科学院基金项目）；③ 天蚕丝质基因导入家蚕的染色质遗传工程（安徽省科委重大项目）。

阮迪云

1965 年毕业于中国科学技术大学生物物理系，神经生理学和神经毒理学副教授，环境生物学研究室主任。1985—1988 年美国休斯敦大学眼科学院访问学者。中国生物物理学会辐射与环境委员会委员，安徽省环境诱变剂学会副理事长。

研究兴趣：神经生理学和神经毒理学。

研究课题：① 视觉系统的时间、空间和方位特性；② 环境铅和化学物质对视觉系统的选择性影响，铅对发育过程中海马学习记忆影响的细胞和分子机制。

孙玉温

1954 年毕业于北京师范大学生物系，1957 年华西医科大学生理学研究生毕业，生理学和生物物理学教授。1986—1987年被聘为澳大利亚西澳大学生理系高级研究员，1991－1992年在美国Tulame大学医学中心开展合作研究。中国科学院声学研究所听觉专业委员会委员，美国纽约科学院成员。

研究兴趣：听觉信息突触传递机制和调控。

研究课题：① 耳蜗传入突触中传递的机制及其调控；② 耳蜗的Corti氏器毛细胞的受体；③ 微直流电刺激耳蜗圆窗对听毛细胞的影响。

刘兢（博士生导师）

1965年毕业于中国科学技术大学生物物理系，分子生物学教授、生物学系副主任。1984—1987年美国哈佛大学访问学者，1992—1993年美国普渡大学、约翰·霍普金斯大学访问学者。安徽省生化学会秘书长、中国细胞学会理事。

研究兴趣：分子神经生物学、单克隆抗体制备。

研究课题：① 脑钠肽的克隆及表达（国家自然科学基金项目）；② 用原位杂交的方法研究神经肽（国家自然科学基金项目）；③ 人-干扰素单克隆抗体亲层析柱的制备（安徽省科委重大攻关项目）。

寿天德（博士生导师）

1964年毕业于中国科学技术大学生物物理系，生物物理学和神经生物学教授，生物学系主任。曾三度赴美国西北大学和犹他大学进行合作研究，共4年。中国生物物理学会神经生物物理专业委员会主任；中国神经科学会常务理事；中国生理学会理事；安徽省生理学会、生物医学工程学会副理会长；《生物物理学报》《Chinese J. Physiological Sciences》《基础医学与临床》《中国科学技术大学学报》《生物化学与生物物理进展》编委，《中华眼科杂志》特约审稿员；国家教委理科教育指导委员会委员兼教材编写建设组成员。

研究兴趣：视觉系统信息处理的神经机制、视觉功能和形态发育生物学、眼内压与视功能的关系。

研究课题：① 视觉系统串行和并行处理的神经机制（国家科委攀登计划）；② 神经科学中前沿课题的开拓（中国科学院重大项目）；③ 视觉的脑研究（国家基金重点项目）；眼内压与视功能的关系（国家基金委项目）。

陈惠然

1965年毕业于中国科学技术大学生物物理系，生物电子学高级工程师。安徽省科学技术协会委员，中国电子学会高级会员，中国电子学会生物医学电子专业学会委员，安徽省生物医学工程学会常务理事、秘书长。

研究兴趣：生物电子学、生物弱信号检测与处理、智能化医学仪器。

陈霖(博士生导师)

1970年毕业于中国科学技术大学物理系生物物理专业，生物物理学和认知科学教授。现任中国科学院北京认知科学实验室主任，国际《Gestalt Theory》杂志编委，国家科委攀登计划“认知科学的若干前沿重大问题”项目首席科学家，国家自然科学基金委自动化学科组成员。

研究兴趣：认知科学、生物控制论。

研究课题：① 认知科学的若干前沿重大问题(国家科委攀登计划)；② 智能计算机系统(国家高技术研究发展计划)。

张达人

1970年毕业于中国科学技术大学生物物理专业，认知神经心理学副教授。1984—1986年英国牛津大学访问学者，1991—1992年在加拿大多伦多大学开展合作研究。

研究兴趣：视知觉、选择性注意、启动和负启动的认知心理学和认知神经心理学研究。

研究课题：认知科学的前沿课题中有关选择性注意功能和机理的研究(国家科委攀登计划)。

周逸峰

1982年毕业于中国科学技术大学生物学系，理学学士；1985年毕业于本系生物学生物物理专业，理学硕士；1991年获中国科学院上海生理所理学博士学位；生物物理学和神经生物学副研究员；1989—1990年美国犹他大学访问学者。

研究兴趣：视觉系统信息处理的神经机制、视觉神经发育、视觉神经解剖。

研究课题：① 视觉皮层下细胞方位、方向选择性的研究(霍英东青年教师基金项目)；② 丘脑外膝体细胞空间、时间特性的研究(国家教委年轻教师基金项目)；③ 参加“国家科委攀登计划”“中国科学院重大项目”“国家基金委重点项目”等。

施蕴渝(博士生导师)

1965年毕业于中国科学技术大学生物物理系，分子生物学教授，生物学系副主任。1979—1981年意大利罗马大学物理化学系、意大利国家结构化学研究所访问学者；1985—1986年、1990年在荷兰格罗林根大学物理化学实验室开展合作研究。中国生理物理学会理事、分子生物物理专业委员会副主任；国际纯粹与应用生理物理协会(IUPAB)磁共振专业委员会委员;《生物化学与生物物理学报》编委。

研究兴趣:蛋白质分子设计、酶反应的计算机模拟、蛋白质中电子转移的路径积分动力学模拟、蛋白质分子的随机动力学模拟、核磁共振波谱研究蛋白质溶液结构。

研究课题:蛋白质的分子动力学模拟和二维核磁共振波谱研究(国家高技术研究发展计划、国家科委攀登计划、国家自然科学基金委项目等)。

徐洵(博士生导师)

1957年8月毕业于中国医科大学医疗系,分子生物学教授。1984—1986年、1989—1990年美国加州大学圣地亚哥分校访问学者。《生物化学杂志》编委。

研究兴趣:毒蛋白生物学性质、蛋白质工程、海洋生物工程。

研究课题:① 葡萄糖异构酶蛋白质工程(国家高技术研究发展计划);② 脑的特异性基因表达(中国科学院重点项目)。

徐耀忠

1968年毕业于中国科学技术大学物理系,生物物理学和神经生物学副教授,生物物理教研室主任。1982年在中国科学院上海生理所获硕士学位。1987—1988年意大利特兰托大学、1988—1999年加拿大麦基尔大学访问学者。

研究兴趣:脑学习和记忆的功能。

研究课题:海马脑切片中LTP的研究以及神经细胞膜上离子通道和LTP关系。

顾月华

1966年毕业于东北师范大学生物系,细胞生物学副教授,安徽省环境诱变剂学会理事。

研究兴趣:细胞培养与细胞生长、增殖和分化,细胞骨架与细胞分裂染色体行为,细胞骨架与神经元物质转运的细胞分子机制。

研究课题:① 药用植物(茯苓、石蟒)细胞工程育种研究;② 烟草细胞工程和基因工程优质抗病育种研究;③ 离子束对生物体遗传物质作用的研究;④ 应用软X射线显微术结合细胞分子生物学方法对细胞超微结构(细胞骨架、染色体、神经轴浆小泡等)功能和变异性研究(国家基金委、国家同步辐射实验室、安徽省“八五”攻关等项目)。

黄雨初

1963年毕业于复旦大学生物物理系，生物物理学高级工程师，安徽省核学会同位素专业委员会副主任。

研究兴趣：放射性同位素标记和示踪、放射免疫技术。

研究课题：① 儿茶素生物合成与代谢的研究（国家基金委项目）；② 200 MeV电子直线加速器发生光致核反应的放射化学研究（国家基金委项目）。

崔涛

1978年毕业于中国科学技术大学生物系，分子生物学副教授，生物学系副主任。1983—1985年美国德克萨斯大学达拉斯分校、麻省理工学院生物系访问学者，1989—1990年英国帝国理工学院访问学者。国家“863计划”项目103－21专题组组长、安徽省高新技术企业认定专家组成员、安徽省遗传学会副理事长兼基础遗传专业委员会主任、《应用基础与工程学学报》编委。

研究兴趣：DNA结合蛋白质的结构与功能、基因表达与调控、蛋白质工程。

研究课题：① 色氨酸阻遏蛋白与其操纵基因相互作用的结构与功能研究（中国科学院青年奖励基金项目）；② 葡萄糖异构酶的蛋白质工程（国家高技术研究发展计划）。

鲁润龙

1962年毕业于北京师范大学生物系，细胞生物学副教授，国际植物组织培养协会（IAPTC）会员。

研究兴趣：染色体结构与功能、细胞生长和分化、辐射生物学。

研究课题：① 烟草细胞工程育种的研究；② 离子束辐照的生物学效应；③ 石蟒和茯苓的细胞工程育种；④ 悬铃木不育果品种诱变育种的研究。

滕脉坤

1978年毕业于中国科学技术大学生物系，分子生物物理学副教授，分子生物学教研室主任。1986—1988年美国麻省理工学院生物系访问学者，1988—1989年伊里洛大学厄本-香槟分校访问学者；1992年赴美国普渡大学进行短期交流访问。

研究兴趣：生物大分子（蛋白质、核酸）的晶体结构及结构与生物学功能的关系研究。

研究课题：① DNA寡聚核苷酸的晶体结构研究（中国科学院院长基金项目）；② 葡萄糖异构化酶蛋白质工程（国家高技术研究发展计划）；③ 蛇毒蛋白质的晶体学研究（中国科学院重大项目）。

潘仁瑞

1958年毕业于北京大学生物系，微生物学和生物化学副教授。1991年曾赴朝鲜人民民主共和国理科大学讲学，1992年应邀去美国New Brunswick Scientific公司访问并开展合作研究。安徽省微生物学会副理事长、安徽省食用菌学会理事。

研究兴趣：酶工程，微生物遗传、育种。

研究课题：① 枯草杆菌碱性蛋白酶的蛋白质工程；② L-苯丙氨酸产生菌的选育和发酵；③ 重组人-干扰素工程菌的发酵及其产物的提纯；④ 水稻和酵母超氧化物歧化酶的提纯和性质。

其他教师：

王淳

生物化学，高级实验师。

孙家美

生物学，高级实验师。

康莲娣

电子显微镜学，高级实验师。

雷少琼

放射性同位素学，高级实验师。

蔡志旭

生物学，高级实验师。

5. 兼职教授

王书荣，研究员，中国科学院北京生物物理研究所。

王亚辉，研究员，中国科学院上海细胞生物研究所。

李载平，研究员，中国科学院上海生物化学研究所。

许智宏，研究员，中国科学院副院长、上海植物生理研究所。

许根俊，学部委员，中国科学院上海生物化学研究所。

吴建屏，学部委员，中国科学院上海脑研究所。

杜雨苍，研究员，中国科学院上海生物化学研究所。

杨雄里，学部委员，中国科学院上海生理研究所。

杨胜利，研究员，中国科学院上海生物工程研究中心。

林其谁，研究员，中国科学院上海生物化学研究所。

梁栋材，学部委员，中国科学院北京生物物理研究所。

梅镇彤，研究员，中国科学院上海生理研究所。

6. 荣誉、客座教授

David H. Hubel(1981年诺贝尔生理和医学奖获得者)，荣誉教授，美国哈佛大学神经生物学系教授。

Torsten N. Wiesel(1981年诺贝尔生理和医学奖获得者)，荣誉教授，美国洛克菲勒大学校长兼神经生物学实验室主任。

Audie J. Leventhal，客座教授，美国犹他大学医学院解剖学系教授。

Peter Spear，客座教授，美国威斯康星大学心理学系主任。

W. F. Van Gunsteren，客座教授，瑞士苏黎世高工物理化学系教授。

附录5　历届本科生名录

1958级

白松乾	陈德高	陈敏容	陈　燕	陈云俊	戴稼禾
刁令明	丁延年	董　力	付锡沾	龚孝月	郭绳武
郭玉绮	韩晓旭	韩　燕	华庆新	黄婉治	黄伟经
惠　明	纪极英	贾尔芳	贾克朴	贾书桂	贾志斌
蒋锋昌	蒋巧云	孔宪惠	赖炽香	赖在勇	李诚志
李承运	李　钦	李剩生	李维宁	李文彬	刘德宣
刘凤仪	刘妙嫃	刘庆坤	刘永斌	刘佑国	柳泽民
龙世霖	卢国锐	陆惠民	吕椿楼	旅锦珠	毛大璋
彭银祥	乔　富	沈莉莉	苏光宗	谭延康	汪家政
王大成	王大辉	王家槐	王丽生	王青云	王文英
王先彪	王　燕	王颖扶	王昭英	吴　良	邢国仁
徐赳兴	薛宏基	杨文礼	于舍英	虞康年	恽　勤
张　凯	张香兰	张玉叔	张志秋	赵成璟	赵桂芝
赵惠智	赵景凯	赵玉芙	赵兆平	朱　斌	

1959级

包承远	陈　湄	陈润生	陈协象	陈逸诗	丁蓉原
杜国铨	傅亚珍	葛兆华	管汀鹭	郭庶英	韩家康
韩毓春	洪世雯	侯慧龄	华　陵	黄　雰	惠虎雄
靳传富	康莲娣	李家瑶	李绍康	李素文	李幼华
刘鸿兴	鲁崎唔	马海官	马重光	邵达立	申庆祥
沈钧贤	寿天德	孙玉金	王书荣	王淑琴	王溪松
王学琦	王志珍	魏西平	徐　伟	徐国林	徐智敏
严拱东	杨俭华	叶梓铨	于世文	余明琨	张　茵

1960 级

陈　湄	陈宝松	陈惠然	陈正秋	崇甘棠	杜国铨
杜连芳	冯春生	傅培云	傅亚珍	高泰钧	郭宝钜
贺存恒	胡坤生	金贵昌	李建民	李荣瑄	廖福龙
林钧陶	刘　兢	刘　霆	刘承龙	刘通学	刘艳茹
柳慰祖	马学严	马治家	聂世芳	聂玉生	宁资蕲
裴静琛	钱玉良	阮迪云	尚树萍	申庆祥	沈霞昌
施蕴渝	石秀凡	宋家祥	苏毓衡	孙　同	孙学才
滕育英	田　静	王凤斌	王谷岩	王贵海	魏　兴
吴玉薇	向开昌	徐秀璋	薛月英	严志强	颜　坤
杨少田	杨天德	余　瑛	袁世龙	张俊贤	张明安
张添志	张续良	赵璧华	赵国民	赵建兴	赵康源
郑德存	朱承志	朱厚础	朱培闳		

1963 级

陈　颖	陈三林	陈延子	陈宗琳	杜胜欧	贾景实
江仰清	姜嘉芝	蒋士梅	李元辰	刘汉杰	刘绍增
欧阳波	师继芬	施承嘉	王平明	王星华	王之婉
吴晋平	徐耀忠	杨以培	于宜君	袁保国	詹金秋
张志杰					

1964 级

陈　霖	陈连芳	高顺盈	霍维友	李建国	李文普
刘大雄	罗奇祥	马采宜	潘施明	商结石	盛雅筠
史剑英	舒开达	王连成	徐克平	薛晋堂	杨培芳
张伯祥	张达人	张乐山	张培高	张小真	张正平
赵家麟	甄惠民				

1973 级

戈巧英	葛明忠	李益新	刘震乾	饶子和	芮海凤

陶宝山	汪克明	王敖金	王永祥	臧炳祺	张成秀
张荣光	张竹山				

1975 级

崔　涛	邓燕华	高美华	郭秀云	吉永华	姜文昌
李连武	穆善田	沈卫英	滕脉坤	王淑娅	吴茂英
谢永义	张义云	周德志			

1977 级

陈放才	戴征山	邓　立	高孝舒	顾小南	李其翔
刘和军	刘友序	吕　凡	梅　锐	牛立文	石　建
孙其坚	万　锋	王必前	温晓红	吴季辉	吴邵平
肖　亮	徐明群	叶京京	张淑林	张一虹	赵建民
赵晓虹	甄立平	周晓先	朱以林		

1978 级

曹　育	陈　枫	陈　晖	陈　林	陈　梅	丁丹萍
董瑞雲	顾　华	管俊林	郭文彤	何　琦	何锶洁
何子江	况　青	李　平	李湘涛	李元根	李跃露
林　曦	刘　正	路　阳	罗　丹	马　红	马　扬
欧阳彗星	欧阳雁南	彭巧千	商思源	王　沥	王　州
王立群	魏德跃	吴建华	向小宽	徐　玲	杨为民
于德山	余敏忠	张向阳	钟　琦	周逸峰	朱小荣

1979 级

卞朝辉	曹辉宁	陈若平	冯幸福	高　飞	黄青石
江梅生	姜　莹	李　密	李　燕	李　铮	李树英
廖　侃	林来兴妹	能文辉	钱　惠	宋秀珍	王忆平
徐　捷	许凯平	杨　光	杨忠清	由少芹	喻　廉
喻启甦	原　野	翟文学	张　力	张建华	张凯明
张宗杰	郑文惠	周一雄	周源太	朱争艳	

1980 级

白昌立　白晓彬　蔡子健　陈寅　陈江浩　陈若平
程临钊　崔宣　何华平　何向前　胡二丁　剧冬红
李浩　李黎　林坚　刘蓓姗　罗纯　任松
唐鹰　田彪　王程　王为民　王晓霖　王燕姝
王越剑　徐祖峰　许文青　杨其伟　叶红　张沁
张鹰　张建华　章俐　朱学良　卓敏

1981 级

陈骐　陈燕　陈历惠　成浩　傅游　何生
何邕　胡松　胡强华　胡天华　黄毅　姜波
康凡　李铭　李翔　李岱宗　林峰　刘奋勇
刘建军　刘立民　楼芳　陆强　陆习松　骆利群
马超　莫小燕　苏恺　王朵　薛定　杨斌
杨笛　杨羽　詹学　张红　张宏　赵天延
郑丽敏　钟红颖　周强　周一雯　朱聪杰

1982 级

陈炽　陈艳云　邓评韬　郭纯芝　何庆武　何思谦
胡谦　李凡　李琰　李长公　林继红　林思奇
刘春雷　卢明　罗坤忻　吕乃如　吕桑蔚　前岳伟
邱丽娟　沈林明　沈学军　孙睿　孙思泉　童铭
王辉　王路　王彤彤　温伟　肖杰　肖连春
严建萍　杨浩　伊琛　张宏翔　钟伟东　周朝辉
邹念湘

1983 级

白泳　毕鑫　曾青　车璐芳　陈刚　陈保伟
陈晓薇　陈雪波　陈云飞　程菡　程琼　丁梅
杜雷　付国斌　郭中林　韩世辉　胡新天　蒋澄宇

孔丽云　冷晓华　李　兵　李　惠　李党生　李红林
李颖川　梁慧娴　刘　芸　刘　钊　栾东梅　闵红涛
倪东辉　秦小虎　沙　玛　上官彤　石小杰　宋志林
陶　宏　王凡平　王晓岚　魏炽炬　邬文弢　徐　俊
杨庆来　叶碧蕙　叶蔚蓝　翟晓泉　张朝晖　张克竞
张燕君　张永辉　章朝晖　周　峰

1984 级

白永胜　陈　波　陈　晖　陈湘川　崔金辉　杜宇彬
胡　兵　黄　震　姜亦微　晋　卉　李　武　李晓东
刘　锐　刘　煊　栾东梅　罗　丹　罗建新　吕　明
彭　林　沈笑梅　沈雪羽　汤立新　田　晖　王庆发
肖　青　邢卫红　徐世伟　许朝辉　杨　红　叶　昕
袁左伟　张战备　甄　岭　仲　倞　周　洪　周　文

1985 级

藏　群　曹　涵　陈　江　陈　敏　陈明浩　丛　鹏
樊　凡　方是民　傅晓红　郭学兵　胡　虎　胡艳芳
黄汉华　黄静华　李　鹏　李颂辉　刘　宏　刘　蔚
刘海燕　刘晓红　刘志梅　罗朝晖　吕忠林　马　艳
马东敏　彭　涛　全　勇　阮杭军　司　阳　孙伟勇
田　俐　王　燕　王红梅　王明晗　王琴琴　翁海琴
吴　援　吴亦兵　熊　芳　熊　文　徐　丹　徐立新
薛咏梅　杨　春　张　锋　张宏忠　张士荣　张一多
张治洲　周　武　周安武　周代星　庄敏红　邹　晖

1986 级

曹　群　曾力宇　陈　东　陈　华　陈斌斌　迟红武
戴文煜　单春华　邓　战　董超晖　冯炽光　龚为民
黄东青　姜咏梅　蒋　新　李　驰　李　红　李　宁
李朝晖　李吉吉　李祥瑞　李小森　林　斌　林　葵
凌　蕾　刘　漪　刘红艳　骆淑君　马丽娟　庞　可

壬　磊　沙毅忠　邵　海　石超富　谭新宇　陶明远
王　忱　王德耿　王宏声　王庆达　王霄蓉　吴瑞云
徐　蓉　严　巍　益　康　张爱民　张庆红　赵　睿
赵红梅　朱　为

1987 级

白　炎　陈志峰　承颖红　丁　蔚　董　丰　董华玲
封朝阳　付国强　高向东　耿利萍　郭　滨　郭　华
郭惊殊　郭咏梅　郭宇静　胡　晓　黄新益　姜　锋
蒋秋兴　李　彪　李　菁　李　实　李澄清　李浍君
李木华　李小梅　李宇辉　梁　力　梁　勤　刘　铮
刘军波　吕　亮　马　星　马　永　裴　雍　濮荣荪
任　兵　沈达友　盛　玫　唐　彤　屠小盛　王　宇
王传才　魏　播　吴健生　吴毅然　武大圣　谢为乔
叶　勍　由丽敬　翟卫国　张成城　张继文　张玮君
张文辉　章树忠　赵　晨　赵　洵　赵惠民　郑　屹
郑晓枫　钟　鸣　周　健　周丛照　朱兴利

1988 级

白任远　曾　严　曾　毓　陈　伟　陈宁宁　陈思泉
邓君鹏　董伟琴　杜文林　方清辉　冯　玮　郭　强
郭云涛　何　俊　黄　徽　黄　威　黄浩初　黄正芳
黎广南　李　瑞　李小荣　廖国春　林晨炜　林华茂
刘　东　刘　劲　刘　军　刘　宁　刘大亮　刘江红
刘淑敬　刘伟平　刘小辉　鲁林荣　牛天华　潘　冀
曲　君　任　能　苏韶宁　苏旭军　唐欣晖　同关村
童　骁　王　地　王东燕　王海宁　王晓天　王雁玲
韦　伟　文勇军　巫雪琳　席马巍　项　焰　姚　洁
叶蓓星　俞　锋　张　爽　张　彤　张　旭　张达伟
赵　钢　郑　力　郑隽隽　支　炎

1989级

曾莹滢	陈　航	陈　靖	陈　路	陈蜀雁	范　蓉
方　南	盖大海	洪　汀	洪　泳	贾　晨	金　鹏
孔　婷	刘　斌	刘金铭	龙　凡	陆海波	罗孟林
吕延翔	邱　杨	阮　进	申　磊	施　毅	宋　东
宋　杰	汤　峰	王　烨	王缙凌	危　硕	卫　山
闻　弢	吴　皓	吴　钧	吴春晓	吴旭琼	肖　军
徐安琳	张　磊	赵　雁	赵　燕	赵津石	朱　勇
朱宏明					

1990级

陈　华	陈　文	陈毅军	方　勇	符　辉	甘永昌
高　红	顾　钧	胡　浩	蒋碧涛	李　蔓	李国春
李满喜	林　屹	刘　琦	刘　晴	刘曾兴	刘涛声
刘正昌	龙小蒙	罗恒斌	彭宇丰	乔旭东	饶　磊
申华章	宋　威	宋伯林	童　为	王　琛	王　刚
王　慧	王　垒	王　玮	王　卓	王大军	王玮宏
王永平	韦　毅	魏莅漫	吴　行	吴文芳	吴晓庆
徐春艳	闫　鹏	杨　靖	叶　芊	余　添	余朝阳
原晓辉	张　媛	张刘宾	张米拉	赵　亮	周公辅
朱　江					

1991级

鲍国斌	陈　宁	陈　昕	承　炜	崔光明	邓　巍
樊　蓉	樊　奕	范晓春	龚　萍	龚晓华	光寿江
黄庆秋	金　戈	巨　锋	柯纪元	可爱龙	李　晖
李　昀	李晓斌	林　敏	林　颖	林达挺	林平佳
刘　兵	刘　静	刘　宁	陆　露	彭　琳	彭　巍
钱文敏	施　昱	孙　征	唐爱民	王　盈	王牧龙
闻　一	翁　莉	吴　军	吴今强	席　悦	熊　曼
徐谷峰	徐淼淼	许仙华	严　钦	杨　屹	杨昱鹏

杨云锋	姚　广	姚学刚	俞洪波	张　林	张　明
张　伟	张迪娅	张芳芳	张海阳	张元琪	赵　岚
朱　俊	祝清炜				

1992 级

曹紫萱	陈　璐	陈承露	程　阳	程文伟	程志亮
丁锦东	董　民	杜　泉	范晓轩	顾炜玮	郭永磊
何德刚	黄佩群	惠利健	江　莺	寇　萱	李　胤
李焕云	李念真	李增蓝	廖　军	林　林	刘　胜
柳琴玲	陆　雷	马　竣	马湛卢	彭　晔	沈　轩
沈铁表	施锦绣	史江彦	宋　阳	宋云龙	孙　颢
孙　越	汤　勰	汤志浩	万　俊	王　晖	王海平
王建军	吴贵开	谢　恒	徐　旭	徐振明	许　珂
杨莉莉	于　楠	俞　江	俞　扬	袁家成	张晓燕
张笑宇	张志刚	郑艳燕	仲伟玮	周　欣	周惠燏
左　军					

1993 级

卞德峰	陈方明	程秋萍	杜　丹	樊蕴秀	谷怀周
霍普陵	蒋成东	蒋栋梁	蒋艳梅	李　俊	李　萍
李海涛	刘伍国	刘振勋	罗春颖	罗玉莲	孟新梅
钱州瑜	戎　芳	尚　伟	邵　伟	汪发兵	王　瑾
王玉如	吴宇栋	许志刚	姚文生	俞天宁	翟艳玲
张宏强	张继永	张家勇	赵茹玲	朱　伟	

1994 级

苌　城	陈隆隆	程勇进	邓绪涛	丁石谷	段昀涛
付海龙	顾　鹰	郭　宁	汉　江	何林玲	胡　疆
黄　迁	黄洪葳	黄锐敏	金坚中	黎　晓	李　晖
李　平	李向明	李晓松	刘　鹤	卢舍那	罗凌琪
罗胜展	吕　纲	茆长慧	邵　宇	邵长霖	沈　汇
盛焕远	苏　勇	孙震宏	唐永强	王　端	王　星

王云	王立荣	王兆新	王治平	翁倩	吴明纲
徐牧	徐伟业	徐致莹	杨晓楠	姚颖	叶欣
于翔	喻翔	余汛	张晨	张露	张维
张悦	张辰雨	张芳樑	张家琳	张燕萍	张志勇
赵巍	赵毓	甄娟	郑新华	钟时	周可
周行之	周伟宁	朱江	朱晓宏	朱孝东	朱燕青

1995 级

卜勇	曾钧	曾煜	查文娟	陈璐	成悦
程骞	池静	冯志华	高川	郜丽娜	谷岩
胡思源	贾媛媛	江承设	菊洪云	开峻海	李骛
李楠	李悦	李先锋	李鑫辉	李至浩	刘磊
刘媹	刘嵩	刘焱	刘海若	卢志强	罗箐
罗毅	吕辉	马春龙	蒙昔	孟文昭	裴黎明
宋宜颖	孙翔	汤方军	唐薇	王波	王玄
王立荣	王新辉	吴娟	谢黎	谢希贤	许丽娅
薛天	闫彩娥	颜艳萍	杨渤	杨军	姚胜
应剑	余波澜	俞快	张洁	张颖	张殿奎
张宏民	张怀宇	张天翼	张阳荣	赵炎	赵军花
赵丽勤	周明	周人杰	朱雷	朱悦	朱黎琴
朱勇进	庄彦				

1996 级

蔡海江	陈霁	陈婕	崔原草	范昊	符氩
高磊	高中华	郭敏	郭继光	韩顺吉	韩怡文
嵇晓华	靳伏铼	孔嵘	劳远至	李瑶	李菊影
李铁美	李子刚	梁治	刘珂	刘理	刘亮
刘韧	刘阳	刘寒剑	刘建锋	陆源	罗乐
吕炜	缪勇	裴天辉	彭爱民	秦臻	邱卓勋
佘加其	汤勇	唐明	田琳	童庆	汪枫
汪作蘅	王初	王军	王骏	王岚	王鹏
王强	王圣	王业	王铸	王黎卿	王庆华
王小宁	王颖慧	翁翀	吴骏	吴松	邢毅

徐鹏景　许超　杨跃东　殷锋霖　尤丽峰　余山
张亮　张隆华　张效初　章巧林　郑颖　郑何平
郑宇鹏　周珞平　朱大淼　朱志强

1997 级

鲍敏　蔡宇峰　曾令武　陈琛　陈锋　崔凯
丁芸　董明晖　冯珊珊　符传孩　龚鹏　顾巍
韩顺吉　何伟　洪艳艳　胡艳　胡思怡　黄炳顶
纪红　姜晓华　蒋雪娟　李泉　李旭　李妍
李国伟　李静宇　李夏真　李燕华　刘丹　刘静
刘琳　刘宁　刘松　刘建勇　刘志海　满运芳
倪敏　倪晓宇　屈彬　沈璐辉　石玎玎　唐慧媛
万懋　汪凌　汪玉洁　王华　王静　王凌
王敏　王慧坤　王汀汀　王晓玲　吴晨　吴劼
肖永钦　谢小乔　熊巧婕　徐超　徐宜彬　杨亮
杨国华　叶昌泉　游晟　袁培华　翟巍巍　张敏
张南　张朋　张莺　张小俊　赵环　赵科研
郑炜　周华东　周小科　朱建民　邹春森　邹俨斐

1998 级

鲍平磊　卞迁　曹民杰　曾繁煜　陈波　陈妙
刁磊　丁业震　龚玫　龚能　郭锋　郭磊
胡健　胡岳　胡晓瑜　黄纬　黄小松　焦媛媛
金腾川　柯玉文　黎冠良　李军　李坤　李曦
李佳明　林毅晖　刘铭　刘倩　刘奕　刘加娟
刘子平　鲁志　鲁善翔　陆云刚　鹿涛　罗虹
罗德明　罗君丽　马俊　牛磊　彭辉俊　秦海鸥
曲娟　孙洪义　谭旭　唐婷婷　汪洋　汪泳
王题　王婷　王尧　王溢　王雨　王智
王冬梅　魏海阳　魏亦春　魏志毅　翁海波　翁婷婷
夏志华　萧倩　许可　薛笑笑　严明　严庆荣
颜丹　伊鹏　余聪　俞扬　袁海心　翟志伟
张宾　张洪　张洁　张亮　张萍　张唯

张　娴	张翔宇	张艳艳	张佐靖	郑　伟	郑丹丹
周荣斌	朱茜茜				

1999级

曾明辉	陈　荻	陈清烽	陈晓薇	陈优君	邓　辉
丁　奇	丁　瑜	段媛媛	范美辉	费　达	冯明业
龚　博	顾　岩	何　爽	侯　方	胡辰捷	胡俊斌
华建飞	黄　倩	纪　鹏	姜　恺	解小聪	蓝万里
李　航	李　龙	李　璇	李仁杰	李双舟	李熙光
李小达	刘　菁	刘　琳	刘　鹏	刘晓飞	刘彦琦
马　锐	马国强	马隽宇	茅　髦	莫　茜	尚春峰
沈　楠	石　玉	宋　敏	苏振伟	孙明璇	孙汝佳
唐玉杰	田　绪	万　晨	汪　沣	汪　俊	汪　炜
汪　哲	王　超	王　佳	王　婧	王　婧	王　莉
王　杨	王　宇	王朝尘	王国华	王启宇	王颖彧
魏　雷	魏华兴	吴　闯	吴朝江	吴清俊	吴胜芳
肖　康	肖　瑛	徐　亮	徐　宁	徐家韡	杨　露
杨　赟	杨秋月	姚冬竹	叶增友	尹述婷	张　诚
张　渠	张　雯	张海生	张绍杰	赵剑非	赵三平
郑定海	郑宏瑾	郑怀信	周　华	周晖皓	周伟平
周长海	朱　虹				

2000级

包日月	蔡渊恒	曹筑荣	柴人杰	陈　澜	陈　沫
陈灵灵	陈晓莹	崔　蓉	崔明哲	丁　洋	范凤娟
杲修杰	葛葵葵	郭厚夫	韩　疆	何晓松	何星月
贺文娟	黄　好	黄　凯	黄鸿达	黄华腾	黄如丹
江　鹏	金　铃	晋文明	靳　津	柯盛东	李　恒
李　黎	李　莉	李　乾	李　珣	李　艳	李　祎
梁　波	刘　皓	刘　娜	刘昊霖	刘建平	刘立菲
刘文钰	刘晓鹏	刘晓燕	刘一玮	马　宁	马振中
麦中兴	毛莉莉	沐君卿	裴善赡	彭　伟	彭英杰
钱自亮	秦　苏	裘志诚	权　洁	阮文婕	申　铁

沈永义　石晓伟　宋震伟　苏昊然　孙鲲　孙强
孙思睫　谭洁　唐明亮　王蔚　王莹　王莹
王洪枫　王景婷　王敏晨　王苏明　王延冰　王媛媛
王知渊　王志明　吴刚　吴芳明　伍祥　夏晶
项晟祺　肖舒洁　谢炜　徐宁　徐峰峰　严峰
严明　杨菁毅　应征　游炜杰　于凌　余允东
袁凯　袁鹏　张凝　张炜　张阳　张颖
张慧敏　赵欢　赵凯　赵疏影　赵玄女　郑秀丹
周磊　朱红玲　庄俊

2001 级

曹申　曹彬睿　曾春　陈睿　陈媛媛　褚良
单骁越　邓宏旻　邓忠牧　丁博　丁旭　范楷
房鹏飞　封赐剑　冯俊杰　高原　葛东亚　郝全阵
何一　何永兴　胡正　黄温　黄海华　蒋贇贇
晋文明　李莉　李双舟　梁顿　梁威　梁珊珊
廖瞻迪　林洋　刘舒　刘海萍　刘洪林　刘思琦
刘文举　刘晓鹏　刘英杰　龙楠烨　龙在洋　罗雄
马艳林　孟丹　孟庆元　穆伟华　潘婧　丘志娟
任芳芳　商强　施远　史诺　舒田佳　宋波
眭贤明　孙铮　唐杉　陶亮　童夏静　童晓航
万林燕　王鹏　王韬　王旭　王传义　王佳晨
王建宇　王敏晨　王文祥　王喜庆　王小民　吴晓倩
肖炜　熊尚岷　徐哲　许健　闫瑞雪　严寒
杨烨　杨方平　杨立松　杨荣强　杨彦菲　杨亦韦
易启毅　于进江　俞寿华　翟继先　张婧　张磊
张阳　张阳　张园　张曹寿　张少飞　张苏芳
章乾　郑飞　周婧婧　周叶云　朱机　朱旭
朱毅　朱鹏程　邹珉

2002 级

曾璠　陈敏　陈曦　陈大蔚　陈小磊　陈振华
陈智超　程蓁　戴恒　戴春锋　刁力　丁涛

董晓玲　杜博文　范荣荣　方　健　方　荣　冯　超
冯　球　顾英博　郭宇杰　韩立通　韩庆凯　何　剑
何　昱　胡　峰　胡　雯　胡奇聪　华宇灵　黄冠一
季　锐　姜嘉彤　金　萌　金姗姗　李　骞　李　快
李　楠　李　宁　李　巍　李福东　李小方　李振伟
梁旭俊　廖宝剑　廖善晖　林志雄　刘　磊　刘　洋
刘胜男　刘文军　刘雪松　刘玉平　陆立立　马　力
马铁梁　马萧萧　蒙晓明　孟　涛　孟志鹏　倪　甦
潘若刚　潘晓薇　彭　慧　钱鹏旭　钱玉峰　邱永剑
瞿　鑫　任子甲　商　飞　申楷宇　沈江川　石　剑
石　岩　石子晶　时　青　侍晓敏　苏丽静　苏荣斌
孙天盟　孙亚洲　谭丁源　陶万银　王　倞　王　琳
王　森　王　伊　王　正　王存琳　王大江　王冠群
王凌雪　王孟樵　王雪源　卫　敏　魏文韬　吴敏昊
肖立成　谢　璐　徐　菲　徐　萍　徐　实　闫宜青
杨　卓　余　立　俞　帅　俞晨光　展文静　张　凯
张　旺　张　晔　张　毅　张冬生　张晓龙　张烨婷
赵　方　赵　卫　赵旭东　郑　艳　郑超固　郑钰涵
智　斌　钟　超　周　毅　周佳玮　周明艳　周子敬
朱　书　朱伟东

2003 级

鲍　燕　蔡春燕　蔡华勇　曹　冰　曹　云　查　昭
陈　柳　陈　祺　陈　倩　陈昊东　陈永琳　陈子君
谌　卓　程　龙　迟斌凯　储诚操　丁曰和　丁志嘉
方　云　房　晓　付忠孝　高　阳　耿建林　郭　佳
郭　扬　郭建福　郭晓鹏　郭雅伟　郭雨刚　韩　玥
韩大力　何　晶　侯成镭　后德志　胡　震　胡璧梁
花翔宇　黄　鹂　黄　萌　姜晓君　金　超　蓝雅慧
李　岩　李　颖　李国政　李瑞华　林　楞　林　琳
林　舒　林荣洪　刘　恒　刘　琎　刘　星　刘峰榕
刘光宗　刘术敏　刘熙秋　刘晓天　刘晓鞾　刘茵子
刘竹青　陆　鑫　陆仲敏　马　挥　马军亭　潘晓嵩
潘炎夏　彭　晶　祁　磊　乔新显　曲海鸥　饶　锴

任　瞳　阮建彬　商　一　邵　伟　殳希希　宋　强
苏　明　孙　吉　孙　嘉　孙　宁　汪凤麟　王　琳
王　昕　王　鑫　王鹤天　王诗瑶　魏春尧　魏世喜
魏希希　吴　楠　吴　琼　席甲甲　肖　亮　谢长雁
徐　婷　徐　臻　徐继伟　许　澎　许　姝　薛　乐
薛燕婷　杨训杰　杨智超　于光哲　于汇洁　于慧娟
于悦洋　战　涛　张　慧　张　培　张　霞　张辰晨
张玉杰　张志伟　镇　涛　周　牧　周　琦　周　希
周　赢　周宏搏　朱丽学

2004 级

安　旭　鲍　亮　曾筑天　常　浩　陈　章　陈海兰
陈昊思　陈可实　陈祖吉　成　望　崔培昕　邓立宗
丁克硕　丁兆威　樊毅超　方　雯　郭晓娇　郝　茜
胡文宝　胡文祥　黄　晖　黄　玮　霍　然　贾耿介
江　冰　姜　浩　解刚才　赖　颖　郎　伯　李　盟
李　孟　李　明　李　盼　李凤磊　李贵生　梁培州
梁一鸣　林　娟　林　萌　林　锶　刘　昊　刘　辉
刘　琨　刘　琦　刘　嵘　刘　苏　刘彬彦　刘可为
刘泽先　刘子青　龙　琪　卢东艳　鲁晓曼　罗　铭
罗　睿　马　骏　马　敏　毛成琼　倪　琛　彭　磊
荣子烨　邵旭方　申　倩　沈　昕　史朝为　宋　杰
苏现斌　苏晓丰　孙　闯　孙德猛　孙海鹏　孙天任
谭　力　陶云龙　童　景　王　苏　王　玉　王旻实
王全新　王忠凯　吴　迪　吴　穹　谢晔华　徐　冰
徐　晨　徐胡昇　许烨敏　薛　亮　闫洪铭　杨　灵
杨　阳　杨　旸　杨金璞　姚　瑶　殷刘松　殷培栋
尹　辉　余　婷　余　曦　袁子能　岳攀登　张　博
张　艳　张　奕　张　张　张楚培　张金学　张黎鹏
张李兵　张寅峰　张玉坤　赵　韵　赵林泓　钟　楠
周　梵　周　康　周　馨　朱根源　朱寒青　竹　玮
邹　杨

2005 级

曹　旭	陈　才	陈　光	陈　萍	陈舒扬	陈薇薇
陈新松	陈振华	初　波	邓　刚	董文博	董宗宇
都展宏	窦松涛	杜　昭	樊琪慧	范　璐	费　雪
甘茂汝	高　岩	桂　龙	郭　闯	郭超文	郭金狮
韩　岩	何　江	洪　德	胡映霞	黄　超	黄小均
霍宇达	金　晶	康　恺	李　璐	李　锐	李　莎
李　岩	李静怡	李职秀	廖　鹏	林　海	林青中
刘晨辰	刘晓曦	卢培龙	陆　菁	马　勇	孟浩贤
莫隆兴	牛飞鹏	潘克信	钱　钰	曲雪薇	任若冰
沈　贺	孙萌萌	谭啸峰	唐　恺	田　卉	王　辉
王　雷	王　晟	王　昕	王　洵	王　岩	王　莹
王海鹏	王雪娇	王一莘	文　彬	吴　昊	吴海涛
吴鹏志	吴奕楠	夏　冬	夏　鹏	谢鑫森	熊　鹏
徐　放	徐　璐	徐　岩	徐春祺	杨一帆	于　璐
余松林	袁纯青	袁龙飞	詹晓明	张　羽	张曙光
张思思	张伟杰	张蔚哲	张希文	张秀峰	赵　莹
赵俊松	周　晨	周　磊	周　峤	周建勋	朱　磊
朱　翌	朱静文	朱敏杰			

2006 级

鲍光照	边　宁	曹　威	曹国帅	查　超	陈　纯
陈　明	陈　默	陈　珊	陈翀蛟	成芳玲	程　锦
戴思远	戴雨霖	范　玮	范晓蕾	冯丽娟	高　倩
高大兴	弓志峰	龚　纯	光　京	郭　傲	郭怀剑
郭秋晨	何长溪	何宗校	胡海汐	胡叶军	贾常圆
姜彦彦	蒋　益	孔克寒	雷茗杰	黎　佳	李　超
李　娟	李　杨	李春晓	李红杰	李佳瑞	李雯君
梁　菊	廖煜星	刘　丹	刘　贺	刘　军	刘　潇
刘　阳	刘辰树	刘丹倩	刘凯先	陆　欢	吕平平
吕雪菲	马荣华	马希禹	马骁潇	米加提	明　晨
牛　歌	蒲雨辰	乔梦然	卿　芸	邱徐峰	沈小鹏

宋玖伟　宋巧玲　苏清泰　谈笑　田少雄　汪文捷
王鹏　王晨旭　王竞如　王胜喜　王潇潇　王志强
魏传贤　吴扬　吴黎丹　吴逊尧　伍智力　武培文
肖剑博　谢田　谢晓原　邢璐　许金龙　许子牧
杨光　杨树　杨震　杨浩艺　杨天龙　杨昱新
姚远　尹成骞　尤畅　于凯　于典昆　张冰
张俊　张宁　张歆　张娅　张国平　张弘古村
张巍昌　张占广　章昊　赵琳　赵帅　赵修阳
赵银珠　郑芮　钟振声　周洁　周怒鹏　朱平平
朱容芳　左腾

2007 级

鲍洪宇　曹冬冬　曹小龙　查晨　陈川　陈沛
陈琼　陈希　陈方寒　初环宇　褚欣　段屹
冯浩　高歌　高圆　高琳颖　巩欣　何焱
何垚　何雨珂　侯琼琼　胡岚　胡旭　黄晋飞
吉晨　金曼　李华　李林　李睿　李驰野
李厚旭　李天鹏　李雪松　李于菲　梁丹　梁静波
梁秋玲　梁旭龙　梁知雨　廖晓峰　林倩　刘畅
刘洋　楼依月　鲁筱筱　雒昊飞　倪想　潘孝敬
潘艳玲　彭伟　邵辰　邵秋燕　时美玉　覃丽莹
唐明　仝督读　童大力　王及　王伟　王玄
王梦宇　王魏然　王欣蕾　王星慧　王宇辰　王玉杰
王振一　吴冰　熊雷　杨婧　杨正　杨冬雪
姚伟　于歌　于海龙　余家力　余小杰　俞国华
袁广发　袁明扬　张浩　张鲁　张为　张歆
张洋　张瑛　张爱蕾　张宏遒　张莹钰　赵辉
赵帅　赵新昊　郑逢亚　周飞　周烃　周鑫
周骏翔　周子松　朱锐君　朱松枥　朱文祎　邹志松

2008 级

安若然　白海清　卞云鹏　蔡坤　曾佳为　常朝霞
陈靖　陈雷　陈韦薇　程诚　池昌标　丛靖婧

杜锐凯　范伟民　冯玉琨　葛舒超　龚朝辉　顾悦
郭程　郭志昂　韩书雅　贺昊　胡俭　姜秋
姜维谦　蒋晓澄　兰映红　李佳　李坪　李婧怡
李思桐　廖畅　林潇　林一竹　刘冰　刘峰
刘鑫　刘悦　刘逸然　龙小洋　楼诗昊　陆扬
栾淦　罗炎　罗贵希　骆斯伟　马柯德　毛代楠
穆迪　彭俊辉　阮雄涛　沈伦达　舒小婷　舒愉棉
司竹　宋杨　孙嵩　孙梦萍　汪泓　王博
王强　王婷　王欣　王晨光　王海清　王海秀
王小蓉　王宇飞　王哲凡　王宗安　韦俊　韦正德
吴迪　吴俊　吴敏　吴骅楷　夏尔玉　肖聪
许从飞　羊星宇　杨韬　杨宏波　杨凯婷　杨玲娜
姚翰良　于涛　袁帅　袁娟娟　张超　张驰
张清　张成伟　张桐川　张文开　张艳微　章姝媛
赵晨　赵雪芳　周凡力　邹元捷

2009 级

柏叶　陈敏　陈耐　陈昌宁　陈梦诺　陈志林
成天元　崔银花　代津　邓林　邓璐　杜苏铁
段峥峥　冯欣然　高艺　高雅婧　郜鑫磊　葛强
光硕萌　郭彬舒　郝晓磊　何雪松　胡凯　胡锦洪
黄军　嵇雅娟　季小婧　贾栋亚　姜毅华　金骁扬
金泽宇　李涵　李亮　李韶华　李文婷　李文秀
李琇琪　梁今朝　林仙源　林轩怡　刘奇　刘升
刘婷　刘贤壮　刘星雨　柳岸　陆文涛　罗琳
钱文畅　时冬青　苏醒　苏琮钦　童仁杰　涂世奇
汪毅　王蕾　王瑞　王莹　王步秦　王桀菲
王小林　王旭东　王颖辉　韦周雪　魏晴涛　吴金荟
吴申杰　项志韬　熊程舒　徐瑞　许川　薛晓宾
闫雷　杨凯路　姚白雪　姚丹丹　殷玮婕　尹思源
尹雪莹　张博　张洁　张哲　张贝贝　张儒雅
张瑞怀　张小蕾　张馨元　张雅琪　赵方洲　赵林海
赵颖俊　郑雪轩　周阳　朱云麓　朱振宇　邹金佑
左祖奇

2010 级

柴　敏	陈　飞	陈兰芳	陈睿国	陈武阳	陈星文
陈正锁	崔　灿	方靖文	冯鹤敏	付　婷	高绪远
龚　诚	韩晶晶	韩骁睿	郝静雅	洪佳音	黄　灿
黄彬彬	黄天德	黄玉敏	李　佳	李　扬	李大雷
李守振	李伟东	李学真	李旖旎	李元瑞	李兆磊
刘　畅	刘金鑫	刘明星	刘小沣	刘志恒	龙　飞
陆晓泉	罗鹏昊	罗正誉	马　骁	苗玉辉	潘　皓
钱雅竹	乔玉龙	郄　玉	瞿达亮	阮　亮	沈　昊
孙祥祥	唐诗灿	田文博	汪　澜	汪　园	汪金郁
王　诚	王　欣	王晨阳	王金鑫	王暮寒	王荣婧
王怡君	卫阳笑雨	翁晨春	吴倩文	伍　霞	肖　恋
谢虞清	徐秀秀	宣　珂	严照峰	杨　颂	杨　旭
杨格格	杨璐研	姚　磊	尹　孟	于思翔	余馨婷
俞顾博	张　聪	张　洋	张　翼	张晋湘	张琼娣
支天牧	钟　慧	朱嘉德	朱可文		

2011 级

艾道盛	才　源	柴肖琦	陈　昀	陈司东	陈钊熊
程爱民	狄婉瑛	丁曼雨	董　睿	樊碧瑜	范思佳
方志惠	甘雨来	高　凡	韩莹莹	韩子维	何恺鑫
贺婉青	黄　杰	黄　萌	蒋　渊	李　煜	李明月
李雨果	李志瑛	刘　盾	刘　睿	刘旭晨	刘旭阳
刘艳萍	刘一鸣	柳晓东	龙　杰	吕益行	马　儒
马　帅	马丹宜	毛钰婷	牟一岑	裴凯伦	彭思冲
彭亚丽	钱栎屾	饶　栩	汝燕飞	邵雪盈	沈晟齐
宋丹枫	孙艺桐	覃　肯	王　雯	王瑽璐	王定访
王连宇	王培强	王绮思	王艺涵	王朱珺	文思超
吴　旻	吴炳慷	吴年凤	吴悦妮	武悦娇	肖竹韵
谢　柯	邢华岳	熊　磊	徐蕴耀	许佳慧	薛颖杰
闫　琦	杨　泱	杨倩茹	杨文豪	杨之彧	姚鹤鸣
于千喻	袁　野	张　衡	张　涛	张劲松	张俊健

张峻涛　张林楠　张思韬　钟阳皓　周睿萱　周绍朴

2012 级

白　璐　白冠华　鲍欢欢　曹　彪　常福莹　陈　侠
陈少华　崔若岱　代元玖　邓逸聪　董　博　董瀚泽
董若石　杜馨怡　付梦瑶　郭浩洋　郝娅汝　何雪凝
侯星宇　胡明源　黄　杰　黄睿奇　黄思奇　黄晓雪
黄炎培　黄正薇　姜春阳　姜雪莹　矫德峰　孔若嫣
李　根　李　敏　李　阳　李济安　李育东　李长健
李直凡　林　恂　林　煜　林晨怡　刘昌霖　刘又琳
刘雨熙　孟宇桥　彭　琦　亓　璐　邱燕宁　宋琰娟
孙利国　唐汉佳　万昌林　王　懂　王　凯　王碧瑶
王常旭　王鹏超　王世伟　王思雨　王文帝　王珍妮
王芷阳　吴超群　谢芸璐　熊子睿　胥宛星　徐家烽
姚译翔　易阳旸　于潇渊　员朋玺　苑天艺　占京鹏
占谢超　张　航　张　浩　张　沛　张嘉琛　张腾飞
张叶颖　张园园　章　晔　赵　贵　郑旭芬　周　姝
周　意　周墨南　朱林山　张梦雪

2013 级

薄雨蒙　边桢媛　蔡希阳　曾群淞　陈　智　陈嘉雯
陈琪瑶　陈玮楠　陈玥西　戴　前　董　顺　范玉婷
方　明　付　艺　高浩翔　高佳宁　贡　猛　郭　兴
郭夕寒　韩　旭　何　权　侯新豪　胡　振　黄　欣
黄济程　黄佳灿　黄一懋　冀　豫　贾　凡　蒋　龑
蒋文通　康宇宸　李　凯　李　淼　李　甜　李昌盛
李慧目　李建宇　李欣歆　梁永明　刘翔天　刘玉婷
罗　潇　罗　颖　马心迪　毛　榕　梅　颂　孟宪禹
努尔比亚·艾克木　潘晓迪　裴逸菲　钱雨辰　申泽宇
苏霄洁　孙　皓　王　觌　王　凯　王嘉怡　王路遥
王睿蓉　王万策　王贤达　王艺姝　王宇豪　王泽冠
王智琦　谢　赛　徐子晗　许兴懿　杨　林　杨倚麟
伊梦然　余　烁　俞钧陶　袁莎莎　张　凯　张　欣

张　震	张曼玲	张曼玲	张啟钧	张雨生	赵瑞博
赵芷君	钟雪松	周绮雯	周秋霞	周雪翎	周志强

2014 级

白胜丹	蔡家威	曾俊杰	常　浩	陈　达	陈屹楠
程天蕾	丁冠超	高凡启	龚佳震	郭子昊	韩文凯
洪　冉	胡　振	贾博文	江　雅	金丽颖	兰丽影
李旭文	李卓璇	梁　睿	刘　念	刘天舒	马凯玥
孟显雷	孟学峰	秦兴福	任劼成	宋嘉文	滕代晖
汪　末	汪沁维	汪欣欣	王　钰	王建逸	王柳运
王英蕾	王禹晨	王昱熙	项思宇	杨　将	杨蕴萍
叶杭徽	张　勇	张　镇	张承乐	张克柔	张良龙
张梦果	张一凡	张一鸣	张宇杰	赵　军	郑铂昊
钟昌权	周建祥	朱利霞	朱志强		

2015 级

白子逸	蔡文韬	陈春鹏	陈文静	成　旻	程育宝
范　茂	范意錫	方延延	龚　啸	郭尖尖	黄澹宁
蒋　辰	金梦龙	靳成功	亢　健	孔嘉楠	冷　进
李　鹏	李晨阳	梁　飒	梁永浩	刘　御	刘尚铭
刘坦宁	刘天奇	刘晓勇	刘中轲	鹿凤娇	吕尹辰光
孟雨桐	欧阳天奕	彭　彤	秦晓玉	屈发进	商云帆
石　岩	苏文治	孙梦雪	谭昕江	田　丰	万婷婷
万星皓云	王　辉	王　曦	王安磊	王行苇	王竞舟
王鹏辉	王怡彬	邬浅兰	吴娅维	吴雨舒	吴玥明
奚旭梅	向小杨	肖　童	肖葭杨	谢伯坤	谢贻林
谢宇锋	杨　曦	杨　彦	杨　毅	杨雨生	翟　雪
张　洋	张　跃	张德宸	张凯祥	张美善	张潇雨
张晓雅	张正远	赵文放	赵玉泽	钟碧俊瑶	周晶阳
朱　琳	朱振宇				

2016级

安永燕　陈　锟　陈诗文　陈昕宇　程振辉　崔美英
丁　植　都立群　龚琪赟　桂晨阳　何　琛　何旭东
贺显英　胡　杰　江许银　姜振宇　蒋小洋　孔林珍
孔祥天　李　剑　李帮源　李丹阳　李润晖　廖晗标
林渭东　刘　柯　刘　鹏　刘安基　刘皖龙　刘伟丽
柳涵阳　骆柳东　吕　乐　马潇涵　麦智宏　聂雷海
秦敬坤　任　远　石雨琦　宋任杰　孙海峰　唐尔葶
唐俊彦　陶凯钺　汪　磊　王　萍　王　宇　王旭奔
王涌源　王宇扬　吴明明　夏烨妃　辛煜辉　徐癸洋
徐骄阳　徐宗秀　晏玉祥　杨　莉　叶永奇　俞文斐
张　聪　张海涛　张力文　张玉婷　郑胤彬　钟皓月
周雪郅　周宇童

2017级

阿吉古丽·依米提　曹家宝　陈　程　陈　威　陈浩鹏
陈曦云　程　骋　仇龙雨　邓家鑫　窦义平　范天骄
高鹤瑜　关梦媛　管　惟　杭　晗　何永格　胡秋晨
黄　旭　黄　宇　柯逸凡　李楚含　李孟伟　李言嘉
李月白　李志星　梁婷婷　廖洲洲　凌远金　刘　宇
刘铭铭　刘卫东　刘文辉　刘箫宇　刘雨佳　刘驭横
刘哲伟　龙开鑫　陆振杰　罗晨菲　吕甲梦　马俊华
倪志伟　倪子蕴　努尔扎提·加拉力丁　欧湘辉　潘镜方
庞　冲　彭庆友　邱子瑜　热羊古丽·玉努斯　沈　炜
沈鹏飞　沈巍然　施祥熙　石莹滢　宋　澧　孙仕嵩
孙吴嘉楠　汤　锐　唐　天　唐宏宇　王　儲　王　瑞
王　田　王　岩　王　钰　王　哲　王晚清　王子卓
韦家粲　吴佳文　吴润远　吴润璋　吴天奇　吴扬帆
武天佑　雄卡尔·帕尔哈提　徐　扬　徐沙沙　徐子焱
晏若儒　杨　铖　姚程炳　姚诗莹　余胡箢　余师慧
袁　旷　岳昱婷　张伯囡　张林川　张鹏飞　张世琦
张焰舒　张易中　张子秋　章　程　章　震　赵彤钰

附录6　历届研究生名录

1982级

崔坤元　丁丹萍　郭文彤　郎立新　路　阳　王加华
王忠宁　郑双海　周逸峰　朱志远　庄新荣

1983级

钱　慧　卫浩然　魏德耀　许凯平　张家杰

1984级

黄德云　李　光　刘　栋　刘茹高　汪安东　汪梅生
王小芹　杨　光　于启生　张艳萍　周源太

1985级

白昌立　段智成　方　驰　谷保民　何华平　李　黎
林　凡　罗　纯　罗　丹　施红霄　唐世平　王为民
王燕妹　吴建平　张　晓　张小鄂　张晓东　张兴旺
章　俐　朱学良

1986级

安春生　成　洁　高　兰　何　生　胡伟平　康　凡
李　铭　李　翔　李浩明　刘　华　陆　强　沈　慧
王　平　杨　斌　詹　学　张学文　赵天延　钟红颖

1987 级

陈　平	方　驰	李一山	林勤武	刘　丹	刘　徽
刘敏芝	王瑞雪	肖　杰	肖志诚	严建萍	杨　洁
杨　铁	于淋江	张　明	周念湘	周逸峰	

1988 级

陈保国	方向东	韩世辉	郝雪梅	孔丽云	赖宇忠
王万青	许　燕	许硕农	杨庆来	叶蔚兰	张　玛
张公义	张克竟	张永辉	赵志宏		

1989 级

白永胜	陈湘川	杜宽林	关　震	胡　兵	胡　可
黄　震	李笑梅	陆　衍	罗　斗	邵春林	汤立新
张学新	周　峰				

1990 级

鲍时来	崔　虹	戴一兵	胡延芳	黄汉华	黄秀东
林　彬	刘　宏	刘海燕	马　艳	王　伟	杨　春
臧　群					

1991 级

蔡朝阳	陈　昕	龚为民	郭秀芳	杭　俊	何东辉
蒋昌兵	蒋诗平	李祥瑞	林　斌	洛淑君	唐恒立
唐玉亭	朱学勇				

1992 级

程颖红	董　伟	高向东	刘　纳	刘海燕	吴　芙
向则新	徐庆平	许　蕾	杨　华	张　吉	赵　晨

朱国萍

1993 级

卜光明	蔡云飞	戴继勋	韩世辉	江　雄	兰　哲
李子祥	聂　焰	钱亚雯	苏韶宇	陶海洋	王　亮
夏伟东	杨启宗	张子平	赵艳梅	周丛照	周天罡

1994 级

操　安	陈聚涛	葛　磊	龚庆国	郭秀芳	洪　林
姜　勇	孔　焰	刘四九	刘亚萍	钱攸果	沙　泉
唐健杉	王　忠	吴李君	谢小东	游凌冲	张鹏远

1995 级

程联胜	方　寅	龚为民	韩世辉	胡　浩	黄庆秋
蒋　斌	林　敏	林　屹	刘　宁	刘海燕	罗江虹
戎　锐	万顺舟	王　琛	王　伟	王文生	温云飞
闫俊峰	杨　劲	杨昱鹏	印遇龙	应晓东	俞红波
张刘宾	赵望发	朱　江	朱学良	祝清炜	

1996 级

鲍时来	陈　曦	承　新	程　阳	丁锦东	傅世敏
龚为民	光寿红	黄浩昊	柯纪元	李　昀	李冠武
李一鸣	刘　兵	刘　晖	梅　寅	孟　明	盛　炜
王　伟	王　盈	王炯炯	王丽荫	王文强	熊　曼
徐应琪	郑艳燕	种　良	周　立	朱学良	

1997 级

步　磊	蔡　征	丁玉珑	董　民	段开来	葛少宇
何　逊	赫　捷	黄　勃	黄佩群	黄庆秋	贾　凡
江　莺	李朝品	廖　军	林　敏	凌代俊	刘　胜

刘庆都	刘四九	钱攸果	史耀舟	涂晓明	王　炜
王　瑜	王圣兵	王永保	魏明瑞	肖向喜	杨昱鹏
俞红波	袁成凌	张　洁	章晓波	周丛照	朱学勇

1998 级

蔡　伦	陈湘川	程联胜	邓玉清	丁锦东	窦　震
宫春红	顾　鹰	关海歌	过莹立	何林玲	何培青
黄　帼	江光怀	江建文	金坚中	康春风	李　平
李祥瑞	李宇洛	李玉红	梁　华	刘　群	刘晓平
刘昭利	吕洪飞	栾　图	罗胜展	曲　折	司　艳
宋卫东	随　力	孙金鹏	涂雄鹰	王　瑜	王锦之
温云飞	谢　兵	谢克勤	徐应琪	杨武林	叶枝青
余启璐	臧建业	曾王勇	张　晨	张晓莉	张晓燕
张学成	张志勇	赵　凌	甄　娟	周　可	朱　江
朱国萍	朱中良				

1999 级

步　磊	蔡　征	查向东	陈晓科	迟　伟	戴怀恩
戴晓青	丁玉珑	董先平	段开来	范　军	范礼斌
葛少宇	耿慧敏	古绍兵	何　逊	贺建斌	胡　疆
胡大勇	胡思源	黄　蓓	贾　凡	蒋善群	李　霖
李　祥	李朝品	李至浩	娄　阳	楼晓华	卢舍那
罗　菁	马　岚	孟晓梅	缪　琳	任　斌	史耀舟
苏　勇	孙久松	涂晓明	汪　铭	汪青松	汪迎华
王慧莲	王兆新	吴　芳	吴　征	吴志远	伍龙军
向　砥	向开军	肖亚中	谢　黎	许　浩	杨少民
姚　颖	姚健晖	尹方方	于　晓	于　洋	余红秀
俞　快	张　敏	张宏民	张敏敏	张天翼	章东方
郑青山	钟桂生	周兆才			

2000 级

包爱民	吴家文	卜　勇	常少杰	陈聚涛	程善美

费广鹤 冯慧云 谷岩 顾鹰 郭敏 何立华
何林玲 何水金 洪宗元 胡祥友 黄春芳 江承设
蒋而康 金坚中 开远忠 雷晓玲 李栋 李平
李勇 李市场 李向明 李艳芳 李一琨 梁治
凌代俊 卢文 鲁亚平 吕洪飞 吕树娟 戚艺军
曲折 邵长霖 吕辉 宋晓敏 宋宜颖 宋质银
孙建萍 陶黎明 汪世溶 王静 王骏 王红梅
王烈成 王新辉 吴双 徐军 许超 杨武林
杨跃东 杨云雷 姚黎明 应剑 余山 臧建业
张晨 张峰 张隆华 张其瑞 张效初 张学成
张志勇 赵伟 郑宇鹏 周可 朱江 朱晓东

2001 级

陈曦 陈传文 程中军 仇祝平 崔帅英 戴海明
丁虎生 董明晖 窦震 冯珊珊 符传孩 高隽
葛春梅 顾巍 郭振 韩伟 洪媛媛 胡思怡
华田苗 黄炫 黄昌兵 蒋善群 金长江 李昉
李泉 李祥 李旭 李博峰 李向明 李小武
李至浩 刘丹 刘健 刘静 刘琳 刘清梅
娄阳 楼晓华 罗菁 罗乐 缪勇 沐万孟
牛志电 秦松 荣辉 佘加其 沈为群 孙灏
孙红宾 孙久松 田园 万懋 汪浩 汪德强
王静 王军 王朗 王陶 王业 王慧莲
王晓平 王玉宝 王兆新 吴芳 吴祥 吴庆庆
伍广浩 伍龙军 谢黎 徐超 徐旸 宣宾
杨建虹 杨永辉 姚健晖 雍武 余运贤 俞快
张朋 张智 张宏民 张敏敏 张善春 张天翼
张小俊 章文 章树业 周东文 周贺钺 周兆才
朱大淼 朱志强 邹春森 H. Naseruddin

2002 级

鲍敏 卜勇 曹新旺 曹赞霞 曾梅 陈泉
陈俏俏 陈伟恒 陈勇平 程硕 程善美 段波

方　辉	葛宏华	龚　能	谷　岩	郭　敏	韩　伟
何立华	洪秀梅	胡晓瑜	黄　玮	江　鹏	江　维
焦媛媛	柯玉文	李　晶	李　军	李　艳	李良维
李长翔	梁　治	刘　静	刘　明	刘文涛	刘雅静
陆云刚	罗　昊	罗云云	罗昭锋	马　军	马　丽
梅一德	倪敬田	倪万松	牛晓刚	潘　燕	史　喆
宋晓敏	宋宜颖	宋质银	孙建萍	谭忠林	汤　勇
汤正权	童水龙	汪海洋	王　静	王　骏	王　树
王　伟	王　伟	王　炜	王　彦	王德广	王红梅
王沛涛	王取南	王艳丽	魏兆军	魏志毅	吴　敏
吴家文	肖　祥	肖　翔	谢　伟	徐　晗	徐　军
徐　蕾	徐　萌	徐　旭	徐谷峰	徐珺劼	徐鹏景
徐太湘	许　超	薛　宇	薛妍妍	严　冰	杨　根
杨伟丽	杨晓冉	杨跃东	姚　波	叶　翔	尹　晗
余　山	余珊珊	俞　泓	张　平	张继川	刘　永
张隆华	张萍萍	张其瑞	张效初	赵　铮	赵寅生
仲大莲	周荣斌	周贤轩	周秀红	朱红艳	Kashif Ahmed

2003 级

鲍凌志	鲍平磊	蔡　欣	蔡小青	曹民杰	曹秀菁
常　亮	陈　波	陈　辉	陈清烽	陈小宁	程中军
仇祝平	储新民	崔帅英	戴海明	邓　辉	丁　琛
丁虎生	董明晖	董忠军	杜　金	杜文静	端珊珊
范仕龙	范小建	方思诗	方志友	费尔康	冯珊珊
符传孩	傅子荣	高　蕾	高恒景	葛　玲	顾学斌
关秋华	郭　振	郭安亮	郭江勇	郭晓云	洪　波
侯晓玮	胡　璞	胡　琦	胡思怡	花　弘	黄　铧
黄　倩	黄　炫	黄昌兵	黄小娟	黄月萍	纪　鹏
江　鹏	江　群	姜　恺	金先菊	琚雄飞	旷文丰
雷智勇	李　泉	李　祥	李　旭	李博峰	李晨晨
李光星	李红梅	李红梅	李金库	李名嘉	李向明
李欣梅	梁　振	刘　丹	刘　健	刘　菁	刘　琳
刘　敏	刘　亚	刘　迎	刘海鹏	刘将新	刘如娟
娄志义	路国伟	罗　彬	罗　乐	罗朝领	罗德明

吕新怀　马晓丽　缪　勇　沐万孟　牛　磊　裴冬生
蒲春雷　乔婧娟　秦　松　荣　辉　芮　斌　邵卫樑
佘加其　孙　灏　孙安源　孙得琳　孙红宾　孙红荣
孙卫兵　唐　林　唐　凌　唐文迎　唐湘屏　田　绪
万　懋　汪　浩　汪本勤　汪惠丽　王　杰　王　静
王　康　王　朗　王　磊　王　丽　王　艺　王丹丹
王冬梅　王峰松　王家保　王键勋　王姗姗　王维炯
王玉娟　魏华兴　魏瑞萍　邬　鹏　吴　蕾　吴　祥
吴　宇　吴丽敏　吴晓妍　武　超　席　静　谢小乔
徐　超　徐　敏　徐　翔　徐春艳　颜　丹　杨　玲
杨　懿　杨　用　杨　赟　杨　铸　杨传秀　杨雯隽
姚　展　姚卫军　叶增友　尹述婷　尹顺昊　余　木
俞　江　俞　蕾　张　诚　张　笠　张　敏　张　敏
张　朋　张　婉　张　夷　张　智　张家海　张蕾蕾
张绍杰　张小俊　张玉莲　张祖辰　章　梅　章　涛
章　文　章小兵　赵　伟　郑　琼　郑春晖　张文锐
周　伟　周朝明　周东文　周晖皓　周可青　周伟平
周长海　朱　虹　朱　键　朱　梅　朱大淼　朱的娥
朱志强　诸　颖　邹春森

2004 级

鲍　敏　蔡冬清　曹赞霞　曾　梅　陈　澜　陈　泉
陈　勇　陈伟恒　陈永艳　陈勇平　程义云　程园园
程仲毅　崔　蓉　都　建　段　波　范　骏　范小建
方　辉　方思诗　傅国胜　高理钱　高永翔　葛宏华
葛葵葵　龚　能　顾　岩　顾学斌　郭　欣　郭安亮
郝淑梅　何薇薇　何晓松　洪靖君　张　晓　侯　方
侯　昕　侯成林　侯海龙　胡晓瑜　黄　凯　黄　玮
黄鸿达　黄伊娜　江　鹏　江　维　焦媛媛　金　雷
柯玉文　李　恒　李　娜　李　文　李国荣　李红梅
李红梅　李名嘉　梁　峰　刘　冰　刘　超　刘　洁
刘建平　刘雅静　刘一玮　刘志军　柳　葳　陆云刚
罗　昊　罗云云　马　宁　麦中兴　满　娜　梅一德
缪　琳　倪敬田　牛晓刚　乔金平　秦　苏　饶晓棠

邵卫樑　申铁　沈媛媛　史喆　苏丽　孙磊
汤勇　汤正权　唐杰　唐明亮　唐湘屏　陶瑞松
童水龙　张全光　汪卫平　王芳　王莉　王树
王炜　王洵　王尧　王智　王冬梅　王冬梅
王海涛　王洪枫　王黎丽　刘娜　王启宇　王苏明
王贤明　王肖恩　卫雯清　魏海荣　魏志毅　吴勃
吴芳明　吴家文　吴清林　伍权　伍翔　夏晶
夏金星　谢伟　谢细韬　邢泰然　徐曼　徐珺劼
徐鹏景　许振华　宣宾　薛挺　薛宇　薛妍妍
闫雪波　严峰　颜娟　杨倩　杨锐　杨伟丽
杨英歌　姚卫军　叶翔　应征　雍武　余珊珊
郁峰　袁凯　袁鹏　詹剑　张笠　张凝
张平　张杨　张建红　张竞方　张立风　张慰慈
赵萍　赵烨　赵铮　赵丽萍　赵玲俐　赵奇红
赵玄女　郑晓东　周朝明　周荣斌　周贤轩　朱峰
庄骏　Ibrahim Yusuf　F. A. U. Verdugo

2005 级

蔡欣　曹民杰　常亮　陈波　陈冬　陈辉
陈亮　陈荣　陈锐　陈睿　陈清烽　陈小宁
陈兴勇　陈艳群　储新民　邓辉　邓宏旻　邓忠牧
丁博　丁琛　杜文静　端珊珊　范楷　范仕龙
方海同　房鹏飞　费尔康　冯燕　傅杰　高蕾
高茜　何永兴　侯晓玮　胡繁　胡璞　胡琦
胡正　花沙沙　黄铧　黄倩　黄湛　黄海华
黄小娟　纪鹏　季程晨　贾娜丽　江鹏　江群
姜恺　琚雄飞　冷眉　李梅　李晨晨　李方华
李凤琦　李光星　李磊珂　梁振　刘菁　刘萍
刘晓　刘迎　刘莹　刘将新　刘景磊　刘如娟
龙在洋　路国伟　罗彬　罗勇　吕磊　马旸
马明璐　孟凡涛　孟庆元　聂耀辉　宁方坤　牛磊
潘琼　裴蓓　彭硕　邱宇　任海刚　商强
邵晓丽　沈毅　史诺　史西保　舒田佳　宋婷
宋雅娴　宋震伟　苏娟娟　孙得琳　孙娟娟　唐杉

唐克峰　唐雅珺　陶　亮　滕衍斌　田　绪　万小妹
汪本助　汪兆阳　王　婧　王　鹏　王　艳　王峰松
王海宝　王佳晨　王建宇　王姗姗　王姗姗　王维维
王妍妍　魏华兴　吴　斌　吴　宇　吴传云　吴晓倩
武　超　夏俊峰　项晟祺　谢崇伟　徐　萌　徐　宁
徐晓军　许　健　许德军　闫树华　颜　丹　杨　超
杨　用　杨　赟　杨雯隽　姚　展　叶增友　易启毅
殷文伟　尹述婷　游炜杰　俞　江　翟志军　张　诚
张　俊　张　敏　张　平　张　茹　张　璇　张　夷
张曹寿　张绍杰　张苏芳　张文娟　张小飞　张晓昂
张旭东　张元晴　章　涛　赵国平　周　甜　周晖皓
周伟平　周长海　朱　虹　朱　佳　朱　婧　朱　梅
朱　荣　朱娟娟　朱玲燕　朱颙颙　朱长锋　邹新乐
S. Foday

2006 级

鲍习琛　鲍小玲　陈　澜　陈　敏　陈　振　陈大蔚
程义云　程园园　崔　蓉　崔颖姬　邓艳如　刁　力
杜　馨　杜　洋　段婷婷　方颖慧　冯　绪　冯婷婷
傅　璐　傅苗苗　高新娇　葛金芳　葛葵葵　谷　丰
顾　岩　郭瀚昭　郭肖颖　何　超　何晓松　侯　方
侯　昕　侯贺礼　黄　凯　黄　亮　黄　佩　黄　韵
黄冠一　黄鸿达　黄杰勋　黄月佳　金　雷　靳春艳
靳自学　李　斌　李　恒　李　娟　李　快　李　楠
李　楠　李凤娟　李福东　李国荣　李小方　李鑫鑫
连　杰　梁　宁　廖宝剑　林志雄　刘　丰　刘　慧
刘　磊　刘　琦　刘　锐　刘　洋　刘东风　刘建平
刘文明　刘一玮　刘志军　栾世家　罗向东　马　亮
马　宁　马佳佳　马金鸣　马铁梁　马萧萧　马小川
麦中兴　满　娜　蒙晓明　彭　慧　彭晓晖　齐紫平
钱小敏　乔金平　瞿家桂　瞿林兵　任子甲　商　飞
申　铁　沈媛媛　石珠亮　史　律　苏丽静　谭丁源
唐明亮　童丽萍　汪昌丽　汪国兴　汪平平　王　莉
王　涛　王　旭　王　尧　王　毅　王宏伟　王洪枫

王茜玮　王姝妍　王苏明　吴勃　吴娴　吴芳明
吴清林　伍权　夏晶　夏金星　谢璐　邢泰然
徐龙　徐曼　徐萍　徐春归　徐进新　徐亮亮
许波　薛挺　闫宜青　严峰　杨令芝　杨忠飞
应征　于乐　于雪　俞晨光　袁凯　詹剑
张翮　张平　张帅　张稳　张海燕　张腊梅
张立风　张连文　张明镜　张晓龙　赵孟　赵颖
赵桂霞　赵丽萍　赵利铭　赵玲俐　赵梦溪　赵奇红
郑芳　郑薇　周数　周佳玮　周莎莎

2007级

安输　鲍燕　蔡莉　蔡珊珊　曾福星　查昭
陈冬　陈亮　陈柳　陈明　陈倩　陈睿
陈钰　陈艳群　陈永琳　程民　仇玉萍　储佑君
丛丹麑　刁金山　丁博　窦双　杜博文　杜朝阳
樊娜娜　范楷　范华东　方芳　方海红　房鹏飞
费才溢　付凯　高茜　高翔　耿建林　宫莉萍
郭鹏超　郭晓宇　郭雨刚　郭长全　韩传春　何永兴
贺军栋　侯美灵　胡晨　胡正　胡青松　胡汪来
花沙沙　华娟　黄玫　黄伟　黄湛　黄海华
黄庆雷　江永亮　姜晓君　蒋国凤　蒋艳艳　金晶
柯志刚　孔祥俊　赖超华　李杰　李青　李凤琦
李红新　李磊珂　李小苗　李晓静　李扬兮　李志丰
连福明　梁宁　梁涛　廖善晖　刘蓓　刘恒
刘会　刘际　刘莹　刘景磊　刘三玲　刘术敏
刘熙秋　刘云峰　鲁钱达　罗超　吕磊　马旸
马军亭　梅国强　孟凡涛　孟庆元　苗彦彦　宁方坤
潘真真　彭礼华　朴冠英　齐薪蕊　钱鹏旭　秦苏
邱宇　邱晓挺　任海刚　任晓帅　任以中　阮建彬
商强　施慧　石攀　石晓云　史诺　宋婷
宋文婧　宋震伟　苏玺　苏彦艳　孙成　唐洁
陶亮　陶余勇　滕衍斌　万小妹　汪本凡　汪兆阳
王婧　王磊　王琳　王玲　王明　王鹏
王婷　王伟　王鑫　王焱　王勇　王冬梅

王力飞	王楠希	王天予	王维维	王文宇	王小菊
王晓冬	王晓飞	王兴武	王学富	卫鹏飞	魏海荣
吴　斌	吴晓倩	夏俊峰	项晟祺	谢崇伟	徐　臻
徐升敏	许　健	许　晶	薛燕婷	杨　波	杨　磊
杨庆岭	杨少宗	杨训杰	姚志模	易启毅	殷　梧
殷文伟	尹贻蒙	于慧娟	张　俊	张　茹	张　璇
张　颖	张　永	张　宇	张　震	张爱金	张辰晨
张芳芳	张凤羽	张丽丽	张良余	张瑞琦	张苏芳
张文雯	张远伟	张云娇	张昭南	赵　君	赵　庆
赵晓成	赵玄女	周　甜	周　伟	周　焰	周桂生
周艳密	朱童歌	朱友明	朱颙颙	邹庆剑	邹苏琪
邹长松					

2008 级

安　旭	白林静	鲍习琛	鲍小玲	毕嘉成	蔡晓腾
曹　俊	曹得华	曾筑天	常　浩	陈　朋	陈宝玉
陈大蔚	陈红凯	陈祖吉	成　望	程　冰	储棂椤
代绍兴	代亚男	戴　昆	戴宗杰	邓艳如	董建梅
窦亚玲	杜　馨	杜　洋	段婷婷	付　程	高　峰
高晓艳	高新娇	葛少林	龚德顺	桂　芳	郭玉洁
韩颖丽	何　超	何　康	贺亮亮	洪宇植	侯贺礼
侯胜科	胡春瑞	胡荣宽	黄　婧	黄　星	黄　韵
黄月佳	江　玲	江小华	姜　浩	靳自学	康　炎
孔小辉	李　静	李　快	李　楠	李　楠	李　盼
李　阳	李　媛	李福东	李高朋	李金晶	李璐璐
李胜彪	李晓丹	李晓芬	连　杰	梁继旺	林志雄
刘　行	刘　磊	刘　嵘	刘　赟	刘东风	刘合军
刘京华	刘夏楠	刘晓鹏	刘芯如	刘泽先	龙　琪
龙运多	鲁　扬	罗　铭	吕　宇	马　亮	马　倩
马铁梁	马萧萧	马小川	马晓宇	王全新	毛成琼
毛杰利	蒙晓明	孟凡娟	莫　非	彭　慧	蒲友光
齐丛丛	齐紫平	祁　磊	卿小兵	裘振宇	瞿家桂
任子甲	师伟伟	史　律	史朝为	孙　洁	孙德猛
孙海鹏	孙明伟	谭　胜	谭丁源	唐　义	陶　悦

宛　雯　汪琛玮　汪平平　王　栋　王　飞　王　虹
王　辉　王　剑　王　奇　王　涛　王　峥　王崇元
王丹桂　王福艳　王贵栓　王宏伟　王佳旭　王建宇
王丽丽　王茜玮　王姗姗　王姝妍　王贤明　王正春
王志凯　吴　昊　吴　娴　吴惠梅　吴凯棋　吴旻昊
吴汝群　武小力　谢　峰　邢　丽　徐　冰　徐　龙
徐　萍　徐胡昇　徐进新　徐淑艳　徐瑛蕾　许　婧
许婷婷　闫宜青　杨　波　杨　帆　杨　华　杨　阳
杨贺川　杨雅琳　杨益虎　杨玉路　姚桂东　阴棉棉
尹梦回　于　丹　于　雪　余　曦　余林辉　余维丽
余贤军　袁　枭　张　欢　张　力　张　丽　张　稳
张　县　张爱娣　张钧玮　张连文　张明镜　张文彩
张晓龙　张寅良　张玉杰　赵　报　赵德彪　赵美娟
赵梦溪　郑　芳　郑美娟　郑竹霞　钟良文　周　恒
周　亮　周佳佳　周佳玮　周小丹　庄筱璇　邹　杨

2009 级

安　输　安　旭　柏晓辉　鲍　燕　鲍张智　蔡珊珊
曹　丹　曾福星　曾筑天　查盈盈　柴安平　陈　亮
陈妮妮　成　望　程新萍　初　波　储　俊　储佑君
崔克乐　邓　刚　邓友明　丁煜芳　都小姣　杜　华
杜博文　杜朝阳　樊娜娜　方　芳　方　钰　方良莹
方晓娜　费才溢　冯　婧　付　凯　高　芬　高　晗
高瑞彦　高岩岩　葛晨晨　耿建林　谷　丰　谷　皓
郭　闯　郭恭睿　郭鹏超　郭晓宇　郭雨刚　韩传春
何　帆　贺军栋　洪　德　胡　婷　胡青松　华　娟
黄　俊　黄　玫　黄　伟　黄大舜　黄麟飞　黄伟杰
黄玉斌　贾思思　江　明　江莎莎　姜　浩　金　晶
金　伟　晋　艳　开远忠　康　姝　孔祥俊　赖超华
雷　扬　雷豪志　李　聪　李　飞　李　静　李　盼
李　青　李　锐　李　帅　李　委　李家松　李龙珠
李诗楠　李文清　李夏娟　李晓玮　李亚娟　连福明
梁　乐　梁　猛　廖善晖　林　俊　刘　蓓　刘　岗
刘　恒　刘　际　刘　江　刘　静　刘　茜　刘　嵘

刘惠静	刘巧琼	刘文博	刘文静	刘熙秋	刘玉翠
刘云峰	刘志民	刘钟华	柳慧慧	卢芳汀	罗　铭
罗昭锋	吕树娟	马洪第	马荣钠	马云飞	毛成琼
梅国强	苗春光	苗晓莉	苗彦彦	南豆豆	倪　芳
倪　军	倪荣军	朴冠英	戚仁莉	齐薪蕊	钱鹏旭
邱晓挺	屈国磊	曲凤芹	任　鹏	任　真	任晓帅
任以中	阮建彬	阮仁全	邵恒熠	邵振华	沈　艺
石　攀	史朝为	宋　乐	孙　成	孙　睿	孙德猛
孙海鹏	孙韵君	谭佳博	谭啸峰	汤　衡	唐　洁
唐　珣	陶　铸	陶余勇	田　陈	田　卉	田伟华
涂华玉	万婵娟	汪　军	汪邦山	汪翠珠	汪荣亮
王　静	王　雷	王　玲	王　刘	王　明	王　鹏
王　微	王　维	王　鑫	王　艳	王　勇	王　诏
王东方	王海鹏	王红霞	王纪超	王建业	王军成
王楠希	王琪森	王文文	王文宇	王晓冬	王兴武
王学富	王寅虎	王永萃	魏　永	文　彬	吴　娜
吴　旭	吴鹏志	吴瑶瑶	伍云飞	武龙飞	夏　鹏
熊　鹏	徐　放	徐爱萍	徐冉杰	许柏英	许新磊
颜　微	杨　微	杨林芳	杨鸣雷	杨庆岭	杨祥伟
杨秀丽	杨训杰	姚志模	叶　伟	叶开琴	殷　梧
殷宏江	尹万里	尹贻蒙	游铁博	于　璐	于慧娟
余　曦	俞恰恰	喻若颖	袁　强	原　燕	岳　挺
张　标	张　静	张　力	张　旭	张　翼	张　永
张　宇	张　智	张丹丹	张凤兰	张良余	张陇梅
张水军	张文娟	张小康	张小秦	张新业	张远伟
张云娇	赵　君	赵　庆	赵琪钰	赵小玉	赵志举
郑　伟	郑小虎	钟永军	周　伟	朱　磊	朱丽娟
朱敏杰	朱童歌	朱友明	朱玉威	邹　杨	邹庆剑
邹苏琪					

2010级

包飞翔	毕嘉成	蔡晓腾	曹　洋	曹国帅	常　浩
陈　朋	陈峰远	陈红凯	陈镜宇	陈永强	程　冰
程珺洁	程芹芹	程云燕	初　波	储棣椤	代　军

代绍兴　　代亚男　　戴　昆　　戴宗杰　　单克强　　单丽丽
邓　刚　　邓蒙蒙　　董晶晶　　窦　双　　窦亚玲　　范晓蕾
付　程　　高　超　　高　峰　　高　佳　　耿晓丹　　龚　伟
龚德顺　　郭　傲　　郭　闯　　郭德昆　　何　康　　何倩倩
洪　德　　洪　玮　　侯金艳　　侯胜科　　侯文韬　　胡　岳
胡春瑞　　胡冬梅　　胡玲利　　胡荣宽　　胡珊珊　　胡汪来
胡艳瑾　　黄　的　　黄河龙　　江静雯　　江小华　　姜合理
姜丽芬　　蒋涵玮　　金佩佩　　孔小辉　　李　冬　　李　静
李　静　　李　娟　　李　娟　　李　谦　　李　琼　　李　锐
李　赛　　李　杨　　李　媛　　李　月　　李高朋　　李璐璐
李胜彪　　李婷婷　　李晓丹　　李晓丽　　李扬兮　　李玉星
李志元　　梁　剑　　梁　菊　　梁雅静　　林　斌　　刘　行
刘　贺　　刘　婧　　刘　维　　刘　武　　刘　赟　　刘　峥
刘合军　　刘鸿升　　刘静馨　　刘凯先　　刘睿睿　　刘西银
刘晓梅　　刘泽先　　龙运多　　鲁　扬　　陆　欢　　罗　美
吕　宇　　吕明荣　　吕兴茹　　马娇娇　　马金頔　　马荣华
马荣声　　马树田　　张　永　　毛杰利　　毛文静　　苗滋青
莫　非　　南豆豆　　牛龙见　　戚莎莉　　齐丛丛　　祁　磊
乔梦然　　沈晓锟　　师伟伟　　司健敏　　宋华群　　宋均营
苏整会　　孙春阳　　孙林冲　　孙明伟　　孙培蓓　　谈　笑
谭啸峰　　汤　飞　　汤睿智　　陶　悦　　陶桐桐　　陶长路
田　陈　　田　卉　　宛　雯　　汪琛玮　　汪成亮　　汪文捷
汪雪平　　王　栋　　王　浩　　王　虹　　王　雷　　王　瑞
王　肖　　王　宇　　王　峥　　王福艳　　王贵栓　　王海鹏
王佳旭　　王建才　　王军成　　王立华　　王丽君　　王丽丽
王希楠　　王潇潇　　王新星　　王秀鹏　　王岩石　　王艳明
王一晨　　王寅虎　　王雨辰　　王正春　　王志凯　　魏鹏飞
魏小丽　　文　彬　　吴常伟　　吴金雨　　吴凯棋　　吴旻昊
吴鹏志　　吴逊尧　　吴忠霞　　武小力　　夏　春　　熊　鹏
徐　安　　徐　放　　徐　炜　　徐涤非　　徐倩倩　　许　婧
许新丽　　杨　波　　杨　帆　　杨　巍　　杨天龙　　杨一帆
杨益虎　　杨玉路　　姚　远　　阴棉棉　　于　丹　　于　璐
于晓溪　　余林辉　　余维丽　　余贤军　　袁　枭　　张　帆
张　欢　　张　佳　　张　磊　　张　丽　　张　县　　张慧娟
张庆林　　张巍昌　　张文娟　　张小秦　　张寅良　　张玉杰

张云东 赵报 赵辉 赵琳 赵岩 赵德彪
赵美娟 赵万里 郑辉 郑伟 郑宏毅 郑竹霞
钟良文 周恒 周亮 周星 周宏敏 周佳佳
周小丹 周中银 朱平平 朱小庆 庄倩 庄筱璇
訾振振 Souvik

2011级

柏晓辉 曹丹 曹冬冬 曹国帅 查盈盈 车影
陈川 陈亮 陈鹏 陈薇 陈方寒 陈慧杰
陈佐龙 程林 崔克乐 戴光义 戴丽敏 丁贞瑞
董雪 董亚玲 都小姣 杜如龙 冯婧 傅舜宇
高晗 葛晨晨 龚涛 谷皓 谷汪鹏 郭昊
郭恭睿 郭璟祎 郭义成 韩龙 韩露 郝建帮
何垚 何晓萍 何雨珂 侯俊笛 胡岚 胡旭
胡兵兵 胡海汐 胡金凤 胡鹏杰 胡婷婷 黄川
黄俊 黄大舜 黄玉斌 黄志超 纪娇娇 贾宁
贾强 江丹 江龙 江明 江依洋 蒋涵玮
晋艳 靳正伟 康文瑶 郎雪婷 黎青青 李飞
李娟 李林 李睿 李滕 李委 李雅
李杨 李渊 李月 李辰晨 李芬芬 李家龙
李家松 李润册 李诗楠 李文杰 李文清 李小龙
李晓玮 李孝明 李亚娟 李哲敏 梁猛 林俊
林小平 刘茜 刘巧 刘洋 刘源 刘瓒
刘惠静 刘家炉 刘文博 刘晓川 刘玉胜 刘钟华
柳慧慧 卢芳汀 卢诗瑶 卢玮光 雒昊飞 吕荟
吕梦娟 吕艳红 马洪第 马荣华 马荣钠 马文涛
马兆云 毛慧 梅松 蒙恒凯 孟飞 倪军
倪想 倪荣军 彭晶 戚国峰 戚仁莉 齐亚男
乔梦然 秦波 任真 任大龙 邵辰 邵恒熠
邵振华 申彦彦 沈松 施仪 石珏 石娜娜
时美玉 孙睿 孙爱爱 孙春阳 孙宇翔 孙韵君
谈笑 唐玲 唐楠 唐珣 唐甜甜 陶峰
陶铸 童耀辉 汪敏 汪娜 汪莹 汪澎涛
汪荣亮 汪文捷 王及 王婧 王昆 王莉

王　林	王　刘	王　露	王　蒙	王　敏	王　微
王　维	王　玄	王　艳	王　源	王崇元	王红霞
王慧珍	王纪超	王金良	王珊珊	王夏琼	王潇潇
王晓明	王玉杰	王振一	魏　永	魏鹏飞	吴　阳
吴功伟	吴逊尧	吴瑶瑶	伍云飞	武龙飞	夏　鹏
向绍勋	肖　尚	谢　峰	辛彦龙	徐　飞	徐爱萍
徐成林	徐光威	徐雷雷	徐冉杰	徐守腾	许柏英
薛汝峰	闫国秀	颜　微	杨　微	杨　正	杨海滨
杨贺川	杨镜波	杨南南	杨维梅	杨燕青	杨预展
仰　露	姚　晗	姚　远	姚　远	叶开琴	殷　实
尹士魁	游铁博	于成龙	于海龙	余　斌	余小杰
俞国华	喻若颖	袁　园	翟佳慧	翟仪稳	张　娟
张　琪	张　肖	张　旭	张桂龙	张继千	张静静
张九龙	张陇梅	张孟颖	张士杰	张水军	张巍昌
赵　晗	赵　群	赵绍阳	赵新春	赵志举	郑小虎
钟永军	周　鑫	周晓群	周旭飞	朱建敏	朱丽娟
朱莎莎	朱松枥	朱夜琳	朱玉威	朱志文	竹文坤
祝鹏飞	邹志松	Salma	Mustafa Haoyu		

2012 级

安若然	白　璐	包飞翔	鲍　芸	曹　洋	曹冬冬
曹林艳	查汝晶	常朝霞	陈　川	陈　琪	陈　青
陈　艳	陈班茹	陈春燕	陈方寒	陈丽君	陈向阳
陈佐龙	程宝云	池昌标	丛靖婧	崔留娟	代　慧
戴霖昌	邓蒙蒙	丁浚元	董晶晶	杜锐凯	樊岁兴
范晓娇	冯秀玉	高　超	高　佳	郭　傲	郭　琼
郭小涛	韩悌云	何　巍	何　垚	何晓萍	何雨珂
侯文韬	侯媛媛	胡　涛	胡　旭	胡　翼	胡　岳
胡冬梅	胡珊珊	华　艳	黄　超	黄　的	黄登烽
黄河龙	黄丽丽	黄昱畅	季金花	贾　皓	贾　强
贾艳杰	江　雅	江静雯	姜　秋	姜丽芬	金佩佩
康文瑶	孔　昕	李　冬	李　慕	李　琼	李　赛
李　涛	李　勇	李冰冰	李洪军	李津南	李腊梅
李启东	李世庭	李思桐	李婷婷	李小龙	李晓丽

李秀侠　李艳艳　李莹超　梁　菊　梁修媛　梁雅静
廖志星　林　瑜　刘　靖　刘　蕾　刘　维　刘　武
刘　洋　刘　峥　刘昌玉　刘静静　刘静馨　刘天周
刘迎迎　刘枝兰　陆　扬　鹿建林　罗林杰　罗雅雯
骆斯伟　吕明荣　麻姗姗　马留可　马荣声　马玉乾
毛　慧　毛颖基　苗滋青　倪　想　聂　珂　裴浩宏
彭俊辉　彭巧玲　齐水水　秦　霖　邵　辰　沈　辉
沈晓锟　时美玉　舒愉棉　帅　辉　司　竹　宋　杨
苏同超　苏整会　孙　洁　孙　嵩　孙家振　孙林冲
孙培蓓　孙倩倩　孙新宝　谭子斌　檀　沐　唐　维
唐甜甜　唐研平　陶　峰　陶长路　田　甜　汪　莉
汪成亮　汪明星　汪雪平　王　浩　王　欢　王　林
王　敏　王　瑞　王　婷　王　玄　王　宇　王建才
王立华　王丽君　王璐璐　王童洁　王文文　王宪伟
王小蓉　王昕萌　王新星　王秀兰　王雪静　王岩石
王艳红　王艳明　王雨辰　王玉平　王哲凡　王振一
韦正德　魏新茹　文　雯　吴　杰　吴　俊　吴　伟
吴功伟　吴忠霞　武　婷　武明明　夏文龙　向绍勋
肖　亮　谢　进　徐　安　徐　玲　徐　兴　徐　颖
徐涤非　徐倩倩　杨　春　杨　帆　杨　晓　杨　洋
杨冬冬　杨宏波　杨镜波　杨世卓　杨松霖　杨一帆
姚德杨　叶　未　叶培培　尹昆仑　于海龙　于红美
余发智　余立艳　俞国华　翟亚楠　翟仪稳　詹利红
张　标　张　兵　张　驰　张　帆　张　浩　张　佳
张　娟　张　丽　张　敏　张　如　张　翔　张　云
张成伟　张海燕　张后蕊　张会敏　张慧娟　张晶晶
张立永　张丽琴　张桐川　张笑乐　张亚骏　张泳辉
赵　岩　赵娉霞　赵容丽　赵万里　赵新红　郑媛媛
钟果林　钟佩桥　周　静　周　星　周永刚　周中银
朱成明　朱平平　朱少华　朱小庆　朱夜琳　朱芸菲
祝　芹　訾振振　宗　璐　左　刚　Ihtisham Fziza Rao
Muhammad Riaz Khan

2013 级

卜俊杰	蔡　坤	蔡潇颖	曹　媛	曹利勉	曹林艳
曾　健	柴宇明	陈　黎	陈　敏	陈　明	陈　鹏
陈昌宁	陈慧杰	陈佳婧	陈兰兰	陈梦诺	陈明壮
陈旭文	陈亦雯	程　林	程　伟	程　芸	程傲星
程彬海	程永凤	池昌标	褚　君	丛靖婧	戴林斌
单方振	单庆红	邓　璐	丁贞瑞	杜　莹	杜如龙
段瑞峰	段圣辉	段文秀	段峥峥	范晓娇	范阳阳
冯　璋	傅思成	高　骞	郜鑫磊	葛　强	龚　涛
谷汪鹏	郭璟祎	郭小涛	郭义成	韩　龙	韩明利
何鸿宾	洪　黎	胡　岚	胡兵兵	胡金凤	黄　川
黄　川	黄今凤	黄媛媛	江　丹	江　龙	江　雅
江依洋	姜雪莲	姜毅华	蒋绪光	解艺佳	金　晨
金泽宇	靳　华	孔　昕	匡志玲	郎雪婷	李　静
李　磊	李　亮	李　勐	李　涛	李　鑫	李辰晨
李思桐	李文杰	李文婷	李晓会	李勖之	梁晓琳
梁修如	林琼妹	林园园	凌　瑞	刘　娟	刘　锐
刘　升	刘　旭	刘　洋	刘兵洁	刘慧敏	刘九羊
刘清枝	刘芮存	刘晓娜	刘晓雨	刘玉胜	刘兆积
柳　岸	楼诗昊	卢　敏	卢节平	鲁　燕	陆程远
吕　荟	吕　佩	吕梦琪	马　晨	马　洁	马文涛
马秀昌	梅　松	蒙恒凯	米　娟	明　新	穆　燕
牛龙见	齐韫艺	钱文畅	秦　波	邱　语	屈小亚
瞿文艳	曲　纳	冉明凤	任大龙	荣　欢	沙　锐
山棕荟	商必志	沈　松	沈春雪	盛治勇	施　仪
石闪闪	时冬青	史逸铭	司　竹	宋亚威	苏艳华
孙　晓	孙爱爱	孙家振	孙婷婷	孙小雯	孙孝娟
唐　慧	唐　玲	唐　楠	唐安舒	唐璜琦	唐培萍
陶文娟	田圣亚	汪　敏	汪　娜	汪凌燕	汪澎涛
王　东	王　斐	王　婧	王　娟	王　林	王　露
王　露	王　蒙	王　敏	王　娜	王宝辉	王从权
王冬耀	王继龙	王建娣	王梦迪	王牧笛	王宁
王鹏飞	王夏琼	王宪伟	王小林	王小蓉	王雪静

王颖辉 卫敏 魏晴涛 魏亚蕊 文明 吴丹
吴阳 吴慧慧 吴婷欣 吴文青 奚竞岳 夏成祥
谢进 谢世林 辛彦龙 徐飞 徐欢 徐旸
徐成林 徐光威 徐佳佳 徐雷雷 徐倩岚 徐琢频
许少歆 许晓莹 薛汝峰 闫国秀 闫闪闪 杨宏波
杨靖昌 杨清玲 杨肖云 杨小耀 杨燕青 杨预展
仰露 仰宗闯 姚晗 叶宁 殷浩 殷实
尹崇海 尹亭亭 尹小红 尹雪莹 尹泽康 余斌
余青 余凯琳 袁方 袁洋 袁园 袁梦求
岳剑 张博 张洁 张龙 张敏 张如
张为 张伟 张伟 张肖 张旋 张燚
张哲 张焕玲 张会敏 张继千 张轲铭 张孟颖
张鹏飞 张士杰 张松峰 张晓珍 张雅琪 张亚宾
张一凡 张智慧 赵晗 赵绍阳 赵新春 郑撼
郑宏毅 郑培义 郑雪轩 周文杰 周晓群 周旭飞
朱青 朱勇 朱莎莎 朱申貌 邹桂昌 邹金佑
俎亚男 左祖奇
Haoyu Sun Abdullah Shah Farooq Rashid
Akhlaq Ahmad Teka Khan Leng Vanny
Hassaan Mehboob Awan Wafa Ali Eltayb Elsiddig

2014级

安建成 白璐 白亚南 曹俊 曹树欢 曾健
曾真 查汝晶 常朝霞 陈菲 陈恺 陈黎
陈莹 陈班茹 陈佳婧 陈敏 陈婷婷 陈为龙
陈向阳 陈燚埔 成天元 程晨 程磊 程鹏
程傲星 程方圆 程乐华 程庆宇 崔宁 崔留娟
戴霖昌 邓璐 第五雅婷 丁明瑞 董俊 杜锐凯
杜兴华 段峥峥 樊岁兴 方启云 冯凤玲 高宇
高采月 部鑫磊 龚诚 关静 郭琼 郭东方
郭仕姝 郭薇薇 郭肖杰 郭玉珠 韩敏捷 韩倩倩
韩悌云 胡翼 胡房晓 胡圣霖 胡孜鸣 华艳
黄斌 黄超 黄军 黄亿 黄才智 黄登烽
黄蓉晨 黄一阶 黄昱畅 黄媛媛 姜秋 姜慧敏

解　迪　　金林林　　金香玉　　金小丽　　金泽宇　　荆　芳
柯圣伟　　李　亮　　李　祥　　李　扬　　李　影　　李冰冰
李大锋　　李定丰　　李洪军　　李培利　　李启东　　李世庭
李叔航　　李文洁　　李文婷　　李晓会　　李越龙　　李振娟
梁修媛　　林　瑜　　林清鹏　　林琼姝　　刘　欢　　刘　晶
刘　蕾　　刘　榴　　刘　升　　刘　鑫　　刘　旭　　刘　旭
刘　洋　　刘　源　　刘安远　　刘昌玉　　刘嘉桐　　刘静雯
刘木子樱　刘芮存　　刘晓丹　　刘雅君　　刘迎迎　　刘永瑞
刘月琴　　刘兆积　　刘枝兰　　陆晓泉　　陆亚群　　罗林杰
罗鹏昊　　罗英丽　　罗正誉　　骆斯伟　　吕　佩　　马　骁
马斯雅　　马玉乾　　马振兵　　毛　婷　　孟　浅　　苗晨思
苗玉辉　　彭　梅　　彭俊辉　　漆金凤　　齐水水　　钱文畅
乔玉龙　　秦新娅　　秦媛媛　　邱春红　　邱淑婉　　瞿达亮
饶　冉　　桑　奔　　申　涛　　沈　辉　　沈　未　　沈　燕
盛丹丹　　时冬青　　宋　浩　　宋佳茜　　苏　凯　　苏同超
苏艳华　　孙　会　　陶启钊　　田　甜　　田文博　　田永科
万佳佳　　汪　霞　　汪金郁　　汪明星　　王　欢　　王　林
王　晴　　王　研　　王宝辉　　王晨阳　　王海霞　　王海云
王和乔　　王连生　　王暮寒　　王童洁　　王孝波　　王昕萌
王颖辉　　王玉平　　韦正德　　卫　帅　　魏浩然　　魏晴涛
魏新茹　　文　雯　　翁晨春　　吴　杰　　吴　丽　　吴　伟
吴琳琳　　吴启超　　吴雅琴　　武　强　　武明明　　夏凌云
夏文龙　　肖　恋　　肖　亮　　谢浩寰　　谢思奇　　辛吉瑀
邢松歌　　徐　莉　　徐　玲　　徐　颖　　徐安琪　　徐建泽
许天琦　　薛　璐　　亚胜男　　严　辉　　严荣辉　　杨　晓
杨　阳　　杨　义　　杨冬冬　　姚　磊　　姚德杨　　叶　未
殷伟伟　　余发智　　余立艳　　翟亚楠　　张　兵　　张　聪
张　飞　　张　浩　　张　敏　　张　鹏　　张　通　　张　为
张　洋　　张　影　　张博文　　张春鹏　　张栋杰　　张会敏
张丽琴　　张秋燕　　张甜甜　　张希良　　张孝章　　张杏霞
张秀磊　　张雅男　　张钰雪　　张愿愿　　张长路　　赵俊松
赵娉霞　　赵巧云　　赵秀玲　　赵长隆　　赵志斌　　郑培义
郑戏翠　　郑学森　　钟佩桥　　周　静　　周　康　　周　磊
周鹏飞　　周翔宇　　张　娟　　周永刚　　朱　敏　　朱成明
朱嘉德　　朱姗姗　　朱玉芹　　祝　芹　　宗　璐　　纵丹丹

左 刚

Abdus Samad　　Ahmed Waqas　　Gul Habib
Manan Khan　　Md. Obayed Raihan　　Muhammad Azhar
Nazish Jabeen　　Saima Akram　　Md. Mahfuz Al Mamun
Sajjad Hussain　　Shoaib Iqbal　　Teka Khan
Waheed　　Ibukun Akinbambo Akinyemi
Mohnad Abdalla Abdalgader Mohamed

2015级

安 楷　白亚南　包 红　蔡 坤　蔡潇颖　曹利勉
曹咪咪　查双凤　柴宇明　常书会　陈 凤　陈 镇
陈昌茂　陈凯歌　陈兰兰　陈蒙飞　陈敏华　陈日红
陈瑞丰　陈孝保　陈雅雯　陈之尧　陈作伦　成天元
程 琳　程爱民　程彬海　程梦婷　崔 宁　戴林斌
单方振　单庆红　丁成涛　董才华　杜 丰　段瑞峰
段文秀　樊晓珍　范思佳　范阳阳　方 蕾　方 威
房 康　傅 涛　傅思成　高 凡　高 骞　高 杰
高 睿　高林森　葛强强　龚华锐　巩凡吾　关 静
关 玉　桂 萍　郭 琼　郭冬阳　韩书婧　何鸿宾
侯熠文　胡佳希　胡鹏飞　胡双雲　黄 川　黄 萌
黄今凤　黄雪娜　黄兆欢　霍 菁　冀晓如　贾 楠
姜毅华　蒋 薇　焦玉莹　金玉萍　靳 华　琚 珏
康露伟　孔令喆　匡志玲　李 栋　李 静　李 奎
李 磊　李 茜　李 祥　李 叶　李 玥　李倩倩
李睿欣　李舒雅　李雯倩　李汶芳　李秀芝　李勖之
李雅梅　李洋洋　梁晓琳　廖仕秒　林柏龙　刘 灿
刘 娟　刘 明　刘 茜　刘 倩　刘 升　刘 焱
刘 莹　刘邦慧　刘兵洁　刘浩秋　刘慧敏　刘嘉琛
刘九羊　刘雷美　刘清枝　刘晓娜　刘一鸣　刘玉玲
柳 岸　龙 杰　龙朋朋　楼诗昊　鹿建林　罗 烨
罗正誉　吕 萃　吕梦琪　吕婉婉　马 骁　米 娟
明 新　欧定敏　欧阳轩　潘 洋　齐韫艺　郄兴旺
屈小亚　瞿文艳　荣齐齐　沙 锐　邵 晨　邵运影
沈 娟　沈晟齐　盛治勇　施玲玲　施向敏　时佳惠

史明阳　史逸铭　舒　莹　舒雪琴　宋亚威　苏兰鸿
孙　暄　孙建建　孙珊珊　孙婷婷　孙雪丹　田崇礼
田聪会　田圣亚　万定云　汪金华　汪有谊　王　超
王　东　王　栋　王　斐　王　欢　王　慧　王　立
王　玲　王　敏　王　敏　王　娜　王　宁　王　倩
王　烃　王东鑫　王冬耀　王非然　王继龙　王娟娟
王连生　王连宇　王天琛　王闻申　王雪卉　王雅玉
王振华　卫　敏　魏浩然　文　朗　文　明　吴　丹
吴　迪　吴可利　吴子豪　武玉伟　夏凌云　夏维玉
肖　聪　谢国栋　徐　欢　徐　政　徐倩岚　徐雪婷
徐有翠　徐有娣　徐遵涛　许晓桐　许晓莹　闫　琦
闫闪闪　严　辉　晏　凯　杨　帆　杨　洋　杨丰瑞
杨淑涵　杨肖云　杨亚婷　姚　磊　姚　丽　姚海杰
叶　进　叶　宁　叶园园　尹　祥　尹崇海　尹亭亭
尹雪莹　于　舒　余昌萍　员跃辉　袁　闯　袁　方
袁　慧　袁梦求　岳　剑　詹重轮　张　衡　张　洁
张　猛　张　敏　张　鹏　张　然　张　通　张　伟
张贝贝　张彩英　张大艳　张国荣　张焕玲　张会敏
张建波　张晶晶　张璟鹤　张峻涛　张轲铭　张林娟
张鹏飞　张庆阳　张胜南　张淑雅　张双峰　张婉春
张围桥　张欣欣　张雨婷　张智慧　张自生　赵　杰
赵刚印　赵宏凯　赵开亮　赵书杰　赵阳阳　赵志斌
郑　撼　郑细华　周好月　周文杰　周小燕　朱　青
朱　霞　朱　勇　朱东杰　朱雅琪　朱艳华　许婷婷
邹桂昌　左祖奇

Aeddl Ur Rehman　Afrina Brishti　Asim Ali
Hafsa Khalil　Iqra Muneer　Farees Ud Din Mufti
Maryam Mouhseni　Mati Uullah　Nayab Anam
Nestor Ishimwe　Niaz Muhammad　Nshogoza Gilbert
Safir Ullahkhan　Sara Sarfaraz　Sayed Ala Moududee
Zeshan Khalil　Amr Refaat Ghanam Salem
Didel Mahounga-mampassi　Emmanuel Enoch Kwaku Dzakah
Hafiz Muhammad Jafar Hussain　Md Hasanuzzaman Khan
Moustafa Samy Moustafa Sherif　Muhammad Iimran Khan
Muhammad Irfan Fareed

2016 级

白诗钰	蔡　娟	蔡华勇	曹　燚	曹　影	曹金晶
曹晓聪	曾陈明	陈　丰	陈　鹤	陈　恺	陈　琪
陈楚楚	陈佳慧	陈凯歌	陈丽丽	陈万标	陈为龙
陈晓敏	陈雅雯	成　赢	程　晨	程　磊	程方圆
程加东	程庆宇	程喻晓	代美方	第五雅婷	丁露锋
丁明瑞	董芬芬	窦家香	杜祥慧	杜新正	杜志威
段无瑕	凡立稳	范亚楠	方　博	冯凤玲	冯君茹
付亚亭	高　骏	高　岩	高采月	葛强强	耿海英
龚　诚	关海洋	郭　涵	郭晴艳	郭薇薇	郭昱君
韩倩倩	韩书婧	郝娅汝	何　凯	何立芳	贺丽萍
侯忱希	侯颖亭	胡房晓	胡圣霖	胡泰斗	胡腾飞
胡孜鸣	黄　斌	黄　冲	黄　萌	黄　炎	黄　亿
黄蓓蓓	黄东阳	黄凤阳	黄睿奇	黄彤彤	黄新亚
黄一阶	姜火凤	蒋阿敏	解　迪	解于彬	金　岩
金林林	金夕月	孔　超	黎凌云	李　冰	李　聪
李　坤	李　琴	李　祥	李灿军	李大锋	李定丰
李娇娇	李景新	李军莹	李阑静	李玲玲	李盼盼
李奇奇	李叔航	李思宇	李文波	李文涵	李文倩
李洋洋	李越龙	李祯星	李仲康	廖靓欢	林冰倩
林华龙	林家会	刘　欢	刘　晶	刘　磊	刘　榴
刘　倩	刘　升	刘　伟	刘　旭	刘　野	刘　懿
刘　颖	刘安远	刘保伟	刘德华	刘慧敏	刘静雯
刘君延	刘木子樱	刘倩倩	刘思凯	刘甜甜	刘文文
刘文跃	刘晓丹	刘亚男	刘亚茜	刘永瑞	刘月琴
刘振邦	李燕华	鲁晓飞	陆　慧	陆　倩	罗鹏昊
罗英丽	骆　秀	吕　音	马　超	马　昕	马文豪
马文浩	马振兵	毛　煜	梅李胜	孟　浅	苗玉辉
牛晓佳	欧阳长杰	潘苏婉	戚秀红	秦新娅	秦媛媛
邱淑婉	任月飞	桑　奔	邵方红	申　涛	申思远
沈　燕	时英东	史　畅	史光源	宋佳茜	宋字华
苏兰鸿	孙　会	孙飞飞	孙慧慧	孙锦利	孙兴旺
唐慧萍	唐雪珂	田　超	汪　颖	汪梅婷	王　栋

王　珂	王　亮	王　梅	王　晴	王　桃	王　元
王晨峰	王德财	王海霞	王海云	王和乔	王静娴
王庆功	王胜利	王婉莹	王稳稳	王芜萱	王小晨
王小洋	王晓冬	王晓晴	王珍妮	温海英	翁晨春
巫祖君	吴凤革	吴伽蓝	吴慧慧	吴琳琳	吴腾威
夏慧玉	夏金球	谢浩寰	谢思奇	谢雪峰	谢芸璐
胥月丽	徐　达	徐　牵	徐　添	徐　雯	徐　延
徐　政	徐建泽	徐培芳	许　洋	许天琦	薛　璐
严荣辉	杨　典	杨　丰	杨　柳	杨　阳	杨　义
杨朝宇	杨垒滟	杨磊青	杨小雪	杨晓莉	杨益坤
杨智森	姚立超	易文洋	余为强	粘志刚	詹　力
张　聪	张　飞	张　光	张　衡	张　洋	张　洋
张　玉	张　玥	张博文	张宏亮	张家明	张梦鸽
张启伦	张甜甜	张晓倩	张杏霞	张钰雪	张长路
章莉莉	赵　贵	赵　杰	赵晨初	赵慧芳	赵秀玲
赵亚青	赵言言	郑戏翠	郑学森	钟　山	钟寅春
周　磊	周好月	朱　敏	朱嘉德	朱孔福	朱连帮
朱秋泓	朱送玲	朱雨婷			

Ayesha Yousaf	Aziz Ul Ikram	Faiz Rasul
Fatima Subhani	Ghulam Murtaza	Ihsan Khan
Iqra Ishrat	Lancine Sangare	Mahboob Ali
Mazhar Khan	Md Rasel Molla	Musadiq Ali
Qumar Zaman	Ranjha Khan	Tasneem Akhtar
Zahra Farzin Pour	Zahra Mahmood	Muhammad Zubair

Ajayi Olugbenga Emmanuel	Alfatih Alamin Alhussain Aboagl
Mahdieh Daliri Ghouchanatigh	Malik Ihsan Ullah Khan
Mian Basit Shah Kakakhel	Muhammad Hidayatullah Khan
Nahiyan Mohammad Salauddin	Samaneh Khodiaghmiuni

Abdulqawi Abdulmajeed Abdullah Hussein Alarefi

Amr Ahmed El-Arabey Mohamed Zaid

2017 级

安　楷	毕登峰	卞显玲	蔡　阳	蔡鹏飞	操　越
曹　鹏	曹　蕊	曹　旭	常书会	陈　晨	陈　凤

陈　兰	陈　瑞	陈　瑶	陈　宇	陈昌茂	陈敏华
陈寿兵	陈新颜	陈贞贞	成　赢	程　鹏	程梦婷
储　贝	从梦情	崔阿龙	代玉秋	邓钰琪	丁成涛
杜鹏程	樊春红	樊淑娟	范思佳	范玉婷	方　威
方舒城	方玉航	高　杰	高鹤轩	龚清跃	巩凡吾
贡　猛	管章鑫	桂　萍	郭　聪	郭　徽	郭　琼
郭　宇	郭冬阳	韩超强	韩尔上	韩一多	郝佐杰
郝玉浩	何帮国	何佳佳	何恺鑫	洪　伟	洪敏洁
侯新豪	侯熠文	胡佳希	胡文琪	胡秀红	胡永祥
华信帆	黄　琳	黄　敏	黄世昌	黄晓雪	黄亚彬
黄兆欢	霍娆娆	冀晓如	贾　楠	贾春辉	蒋泽潭
焦千乘	焦玉莹	金玉萍	柯圣伟	柯小丽	孔文文
匡　文	李　栋	李　磊	李　梦	李　明	李　楠
李　芮	李　甜	李　祥	李　翔	李　阳	李冰艳
李朝亮	李建宇	李静蓉	李明薇	李倩倩	李倩倩
李舒雅	李思宇	李雯倩	李晓辉	李秀芝	廖靓欢
廖仕秒	林柏龙	林婷婷	刘　欢	刘　娇	刘　丽
刘　明	刘　洋	刘　莹	刘邦慧	刘海英	刘纪伟
刘嘉琛	刘梦廷	刘明清	刘偏偏	刘素梅	刘晓明
刘雪儿	刘一鸣	柳　丹	龙　杰	龙朋朋	龙振宇
卢　慧	路倩倩	罗墨轩	骆钰瑶	雒雯琦	吕　萃
吕婉婉	马　骜	梅　颖	梅金娟	孟　斐	苗　莹
彭　精	齐珂心	秦向洋	荣齐齐	尚银钟	尚莹莹
申纪周	沈嘉伟	沈晟齐	盛亚楠	施向敏	舒　莹
舒雪琴	苏安昱	苏琪璇	孙　筱	孙　暄	孙　逊
孙靓琪	孙蒙蒙	孙珊珊	孙雪丹	唐新锋	田晨曦
田崇礼	田晓东	万广育	汪　沁	汪丹丹	汪绍珍
汪苏曼	汪鑫年	汪子怡	汪宗怡	王　欢	王　慧
王　立	王　茹	王　烃	王　威	王　玮	王东法
王东旭	王非然	王环宇	王娟娟	王莉莉	王连宇
王梦丽	王倩倩	王世文	王帅利	王天琛	王潇倩
王晓菲	王秀芹	王雪卉	王雅玉	王玉舟	王玉珠
王振华	温文杰	文　朗	吴　迪	吴　义	吴向琴
吴小菲	吴子豪	武玉伟	夏　婧	肖文睿	谢国栋
辛吉瑀	熊玉洁	徐　达	徐　婷	徐俊超	徐雪婷

徐有翠	徐志豪	徐遵涛	许宽宏	许丽萍	闫　琦
颜家贤	晏　凯	杨　帆	杨　洋	杨丰瑞	杨淑涵
杨亚婷	杨紫暄	姚艺川	叶　进	易　林	尤　然
于小瑞	余　烁	余昌萍	俞乔尼	员跃辉	袁　慧
粘志刚	张　奔	张　铎	张　飞	张　娟	张　猛
张　文	张　勇	张　悦	张彩英	张国荣	张海燕
张璟鹤	张静霄	张军龙	张峻涛	张曼娟	张明君
张妮妮	张鹏宇	张平根	张庆阳	张胜南	张双峰
张宛莹	张文迪	张欣欣	张雪寒	张雅男	张彦申
张跃跃	张自生	赵　丽	赵　倩	赵　越	赵宏凯
赵俊松	赵开亮	赵瑞博	赵夏特	赵晓龙	赵阳阳
郑晨阳	郑圣男	郑天骅	钟毅璇	钟志文	周　科
周　鹏	周　沁	周家慧	周建腾	周娟娟	周漫漫
周舒钰	周英利	周颖欣	朱　霞	朱　宇	朱伶如
朱汪慧	朱逸夫	祝玲玲	卓美莲	纵丹丹	左　霖

Abid Sarwar	Ajkia Zaman Juthi	Ali Raza
Asad Khan	Ayesha Javaid	Ayesha Kanwal
Ayesha Liaqat	Ayesha Zahid	Haider Ali
Haider Akbar	Hazrat Ismail	Iqra Ghaffar
John Agbo	Khadija Yousaf	Madhav Akauliya
Mohammed Ahmed	Mohsin Ali	Muhammad Hassan
Sami Ullah Jan	Sm Faysal Bellah	Sobia Dil
Tahmina Nazish	Tauseef Ullah	Usman Ahmed
Wajeeha Naz	Wasim Akbar Shah	Wesal Ahmad

Abeeb Abiodun Yekeen	Akinsola Raphael Akinyemi
Divine Mensah Sedzro	Kombe Kombe Arnaud
Mukhtar Oluwaseun Idris	Seyed Majid Mousavi Mehmandousti

玛伊拜尔·普拉提

2018 级

安　娟	白胜丹	毕悦欣	卞启武	卜佳敏	卜宇飞
曹　洁	曹　冉	陈　晨	陈　达	陈佩泽	陈新艳
陈兴汉	陈艳蝶	陈耀晞	程　明	程　鹏	程洲华
戴陈伟	邓莎莎	董春阳	窦莹超	方　欣	付书梅

高　劲	龚佳震	古　雪	桂　伟	郭　淇	郭　彦
郭玉婷	郭韵卓	郭子昊	韩姗姗	何　诚	胡　昊
胡　冀	胡　倩	胡　钰	胡鹏程	黄　珊	黄新凤
黄媛媛	黄忠凯	季　拓	简仕坤	简彦泽	姜自运
蒋　红	金　红	金　瑾	金丽颖	金晓萌	晋其乐
井　祺	孔令宇	李　波	李　聪	李　祥	李　阳
李　洋	李　莹	李佳瑞	李美丽	李润智	李世民
李文卿	李雅雯	李亚男	李俞霏	李裕静	刘　玲
刘　梦	刘兵艳	刘春光	刘凯悦	刘文倩	刘翔天
刘晓东	刘雪梅	刘雨婵	刘圆圆	卢　杨	卢易辰
陆君霞	路　恒	吕梦月	马晨辰	马昊宇	马文武
马小林	毛耀许	孟显雷	孟宪禹	孟小高	聂凌云
潘　俊	潘　婷	潘　雯	潘少山	祁钰玲	邱雯雪
屈晓展	任劼成	任文龙	汝　烁	沙　青	沈艳琼
沈玥茹	时嘉博	宋　莹	宋标标	宋相杰	苏　蒙
苏晓岚	孙彩荣	孙士妍	孙思雨	孙艳萍	覃显慧
唐皓迪	陶慧慧	汪沁维	王　红	王　冉	王　婷
王　娅	王安然	王晨晨	王丹华	王道炯	王菁菁
王孟寒	王鸣格	王帅康	王双姿	王昕亮	王弋卓
王羿帆	王英蕾	王昱熙	温　潇	吴柄萱	吴浩天
武瑞堃	武钰钒	习丰佳	席志崇	夏　菁	肖　丹
肖星辉	徐　瑶	徐德敏	徐芬芬	徐解放	徐梦楚
徐苏芮	徐艳梅	徐紫燕	许　娜	许　桐	颜培栋
燕琳琳	杨　晨	杨　刚	杨　辉	杨晓晓	杨芸茹
姚宝林	叶　灵	叶崇欢	尹梦然	应　伟	于添翼
余荣成	袁　方	袁　蕊	远艳杰	詹倩茜	詹亚熹
张　成	张　驰	张　静	张　可	张　璐	张　伟
张　勇	张　彧	张瀚予	张静然	张路晨	张梦果
张庆军	张翔宇	章可辉	赵　丹	赵　军	赵　瑞
赵秉珍	赵海帆	赵荣华	郑　晓	周　汉	周　娇
周华琳	周玉婷	周煜博	朱　洁	朱利霞	朱志强
祖寒笑	左会琳	左婉珠			

附录7　不同时期本科班级合影

1958级毕业合影

1959级毕业合影

1960级毕业合影

1963级部分同学合影

1964级同学合影

1973级毕业合影

1975级生物物理专业、低温物理专业学军时合影

1977级毕业合影

1978级毕业合影

1980级毕业合影

1981 级毕业合影

1982级毕业合影

1983级毕业合影

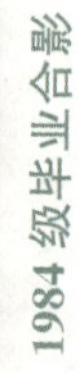

1984级毕业合影

1985级毕业合影

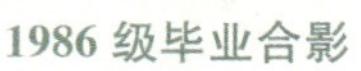

1986级毕业合影

中国科技大学92届生物系毕业留影 92.6.20
中国科学技术大学
生物学系
Biological Science Building

1987级毕业合影

1988级毕业合影

1989级毕业合影

1990级毕业合影

1991级毕业合影

1992级毕业合影

1993级毕业合影

中国科技大学生命科学学院九九届毕业合影
1999.7.1
中国科学技术大学
生命科学學院
高新技术企业
中外合资
中国科学技术大学

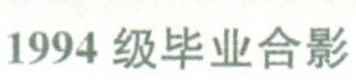

1994级毕业合影

1995级毕业合影

1996级毕业合影

1997级毕业合影

1998级毕业合影

1999级毕业合影

2000级毕业合影

2001级毕业合影

2002级毕业合影

2003级毕业合影

2004级毕业合影

报告题目：A Life or Death Decision: Molecular control of S
RNase-mediated self-incompatibility
学术报告，通知
中国科学技术大学
第二届生命科学年会通知
举办时间：2009年6月20日全天
举办地点：一楼学术报告厅及三楼教室
详情请查看大厅海报
关于2009年单项奖申报通知
关于研究生派遣证发放通知

2005级毕业合影

2006级毕业合影

2007级毕业合影

2008级毕业合影

2009级毕业合影

2010级毕业合影

2011级毕业合影

2012级毕业合影

2013级毕业合影

2014级毕业合影

附录 8 不同时期的课程课时表

1. 中科大生物物理专业 6012 级课程学时表

课程	总学时	课程	总学时	课程	总学时
俄语(一外)	240	物理化学	210	生物学	345
英语(二外)	120	有机化学	135	生物化学	120
高等数学	435	无机与分析化学	225	普通生物物理学	90
数理统计	48	电工电子学	120	放射生物学	94
普通物理	465	生物物理仪器技术	72	生物亚显微结构及分子结构	28
				同位素应用与计量学	80

(资料来源:《中国科学技术大学 6012 图文集》,第 26 页)

2. 2004 年生物技术专业四年制指导性学习计划

一年级					
秋			春		
课程名称	学时	学分	课程名称	学时	学分
形势与政策讲座		1	马克思主义哲学原理	40/20	3
毛泽东思想概论	40	2	综合英语二级	80	4
法律基础知识	30/10	2	基础体育选项	40	1
大学生思想修养	30/10	2	力学与热学	80	4
综合英语一级	40	4	大学物理基础实验	54	1
基础体育	40	1	多变量微积分	120	6
计算机文化基础	10/20	1	普通生物学	80	4
C 语言程序设计	40/30	2.5	普通生物学实验	40	1
单变量微积分	120	6	无机与分析化学实验	80	2
无机与分析化学	80	4	生物学野外实习(新开)	40	1
			文化素质类课程		

续表

二年级					
秋			春		
课程名称	学时	学分	课程名称	学时	学分
军事理论		1	邓小平理论概论	60	3
政治经济学原理	40	2	光学与原子物理	80	4
综合英语三级	80	4	数据结构与数据库	60/30	3.5
电磁学	80	4	体育选项(Ⅱ)	40	1
大学物理综合实验	54	1	概率论与数理统计	60	3
体育选项(Ⅰ)	40	1	电子线路基础实验	54	1
物理化学	120	6	电子线路基础	80	4
线性代数	60	3	有机化学	80	4
遗传学	60	3	物理化学实验	60	1.5
微生物学	40	2	化工原理	60	3
遗传学实验	30	0.5	神经系统解剖学	31/9	2
微生物学实验	30	0.5	植物生理学	40	2
生态学	40	2	文化素质类课程		
文化素质类课程					
三年级					
秋			春		
课程名称	学时	学分	课程名称	学时	学分
生物化学(Ⅰ)	60	3	生物化学(Ⅱ)	40	2
细胞生物学	60	3	基础生物化学实验	80	2
生理学	60	3	细胞生物学实验	40	1
化学基础实验(Ⅲ)(上)	72	2	细胞工程原理与技术	40	2
微机原理与接口	60/30	3.5	分子生物学	60	3
生理学与神经生物学实验(Ⅰ)	60	1.5	基础神经科学	60	3
微生物发酵工程	40	2	药事管理	40	2
植物化学	40	2	免疫生物学实验与单克隆抗体技术	40	2

续表

三年级					
秋			春		
课程名称	学时	学分	课程名称	学时	学分
生物电子显微镜技术	14/26	2	免疫生物学	40	2
放射性核素在生物、医学中的应用	20/20	2	药理学	40	2
文化素质类课程			现代生物学技术研讨	40	2
			文化素质类课程		
四年级					
秋			春		
课程名称	学时	学分	课程名称	学时	学分
药物化学	40	2	毕业论文		8
生物制药工程	40	2			
药物学分析和筛选技术	40	2			
药物学分析和筛选技术实验	40	1			
生物化学与分子生物学实验	80	2			
生物电子学	40	2			
生物电子学实验	40	1			
结构生物学Ⅱ（波谱学）	40	2			
结构生物学Ⅲ（光谱学）	40	2			
结构生物学实验Ⅰ（光谱学实验）	30	1			
结构生物学实验Ⅱ（波谱学实验）	30	1			
企业生物技术和工程实习	30	1			
生物信息学	40	2			
免疫学与生物医学	40	2			

3. 2004年生物科学专业四年制指导性学习计划

一年级					
秋			春		
课程名称	学时	学分	课程名称	学时	学分
形势与政策讲座		1	马克思主义哲学原理	40/20	3
毛泽东思想概论	40	2	综合英语二级	80	4
法律基础知识	30/10	2	基础体育选项	40	1
大学生思想修养	30/10	2	力学与热学	80	4
综合英语一级	40	4	大学物理基础实验	54	1
基础体育	40	1	多变量微积分	120	6
计算机文化基础	10/20	1	动物生物学	40	2
C语言程序设计	40/30	2.5	动物生物学实验	40	1
单变量微积分	120	6	植物生物学	40	2
无机与分析化学	80	4	植物生物学实验	40	1
			普通生物学	80	4
			普通生物学实验	40	1
			无机与分析化学实验	80	2
			生物学野外实习	40	1
			文化素质类课程		
二年级					
秋			春		
课程名称	学时	学分	课程名称	学时	学分
军事理论		1	邓小平理论概论	60	3
政治经济学原理	40	2	光学与原子物理	80	4
综合英语三级	80	4	数据结构与数据库	60/30	3.5
电磁学	80	4	体育选项(Ⅱ)	40	1
大学物理综合实验	54	1	概率论与数理统计	60	3
体育选项(Ⅰ)	40	1	电子线路基础实验	54	1
物理化学	120	6	电子线路基础	80	4

续表

二年级					
秋			春		
课程名称	学时	学分	课程名称	学时	学分
线性代数	60	3	有机化学	80	4
遗传学	60	3	物理化学实验	60	1.5
微生物学	40	2	神经系统解剖学	31/9	2
遗传学实验	30	0.5	植物生理学	40	2
微生物学实验	30	0.5	组织学方法与技术	40	1
生态学	40	2	文化素质类课程		
文化素质类课程					
三年级					
秋			春		
课程名称	学时	学分	课程名称	学时	学分
生物化学(Ⅰ)	60	3	生物化学(Ⅱ)	40	2
细胞生物学	60	3	基础生物化学实验	80	2
生理学	60	3	细胞生物学实验	40	1
化学基础实验(Ⅲ)(上)	72	2	基础神经科学(新开)	60	3
微机原理与接口	60/30	3.5	分子生物学	60	3
生理学与神经生物学实验(Ⅰ)	60	1.5	生理学与神经生物学实验(Ⅱ)	60	1.5
生物电子显微镜技术	14/26	2	认知神经科学	40	2
放射性核素在生物、医学中的应用	20/20	2	免疫生物学实验与单克隆抗体技术	40	2
微生物发酵工程	40	2	结构生物学Ⅰ(晶体学)	40	2
植物化学	40	2	免疫生物学	40	2
文化素质类课程			药理学	40	2
			细胞工程原理与技术	40	2
			膜技术基本原理及应用	40	2
			现代生物学技术研讨	40	2
			文化素质类课程		

续表

四年级					
秋			春		
课程名称	学时	学分	课程名称	学时	学分
药物化学	40	2	毕业论文		8
药物学分析和筛选技术	40	2			
药物学分析和筛选技术实验	40	1			
生物制药工程	40	2			
生物化学与分子生物学实验	80	2			
结构生物学Ⅱ（波谱学）	40	2			
结构生物学Ⅲ（光谱学）	40	2			
结构生物学实验Ⅰ（光谱学实验）	30	1			
结构生物学实验Ⅱ（波谱学实验）	30	1			
生物信息学	40	2			
免疫学与生物医学	40	2			

4. 2013年至今生命科学学院指导性学习计划

一年级					
秋			春		
课程名称	学时	学分	课程名称	学时	学分
军事理论		1	马克思主义基本原理	60	3
思想道德修养与法律基础	60	3	英语要求课程		2+1

续表

一年级					
秋			春		
课程名称	学时	学分	课程名称	学时	学分
基础体育	40	1	基础体育选项	40	1
英语要求课程		2+1	多变量微积分	120	6
计算机程序设计 A/B	60/40 60/60	4	普通生物学Ⅱ	40	2
单变量微积分	120	6	线性代数(B1)	80	4
无机与分析化学	80	4	无机与分析化学实验	80	2
力学与热学	80	4	普通生物学实验	40	1
普通生物学Ⅰ	40	2	有机化学 B	80	4
新生“科学与社会”研讨课	20	1	新生“科学与社会”研讨课	20	1
			大学物理基础实验	0/60	1.5
			夏		
			生物学野外实习	0/40	1
二年级					
秋			春		
课程名称	学时	学分	课程名称	学时	学分
中国近现代史纲要	40	2	重要思想概论	60	3
体育选项(Ⅰ)	40	1	重要思想概论实践	120	3
英语课程要求	20	1	英语课程要求	20	1
大学物理综合实验	60	1.5	体育选项(Ⅱ)	40	1
物理化学 B	80	4	光学与原子物理	80	4
有机化学基础实验(上)	80	2	基础生态学(生态学)	40	2
物理化学实验	60	1.5	生物化学(Ⅱ)	40	2
遗传学	40	2	生理学	60	3
生物化学Ⅰ	60	3	生物化学与分子生物学基础实验	80	2

续表

二年级					
秋			春		
课程名称	学时	学分	课程名称	学时	学分
概率论与数理统计 B	60	3	微生物学	40	2
电磁学 B	80	4	微生物学实验	40	1
普通生物学实验	0/40	1	遗传学实验	40	1
			植物生理学(生态学)	40	2
			夏		
			生物科学方向		
			生物化学与分子生物学综合实验	60	1.5
			生态学方向		
			生态学野外实习	40	1
三年级					
秋			春		
课程名称	学时	学分	课程名称	学时	学分
分子生物学Ⅰ	40	2	生态学方向		
细胞生物学Ⅰ	40	2	分子生态学	40	2
细胞生物学基础实验	40	1	生物科学方向		
生理学实验	60	1.5	发育生物学	40	2
生态学方向			分子生物学Ⅱ	40	2
生物统计学	40	2	细胞生物学Ⅱ	40	2
生物科学方向			生理学与神经生物学综合实验	60	1.5
基础神经科学	60	3	免疫生物学Ⅱ	40	2
结构生物学Ⅰ(晶体学)	40	2	免疫生物学实验	40	1
结构生物学Ⅱ(波谱学)	40	2	结构生物学实验Ⅲ(光谱学实验)	40	1

续表

三年级					
秋			春		
课程名称	学时	学分	课程名称	学时	学分
结构生物学Ⅲ（光谱学）	40	2	认知神经科学	40	2
结构生物学实验Ⅰ（晶体学实验）	40	1	系统生物学方向		
结构生物学实验Ⅱ（波谱学实验）	40	1	系统生物学	60	3
免疫生物学Ⅰ	40	2	系统生物学实验	40	1
系统生物学方向			生物技术专业		
合成生物学导论	40	2	分子病毒学	40	2
基因组学	40	2	生物技术导论	40	2
生物系统数学建模	40	2	生物技术制药实验	20/20	1.5
生物信息学	40	2	细胞生物学实验方法与原理	40	2
系统与控制导论	40	2	现代医药生物技术概论	40	2
生物技术专业			药理学	40	2
化学生物学	20	1	选修课程		
生物医学中的核技术	20/20	1.5	夏		
药物化学	40	2	生物科学方向		
选修课程			细胞生物学综合实验	40	1
			系统生物学方向		
			蛋白质组学和代谢组学	20	1
四年级					
秋			春		
课程名称	学时	学分	课程名称	学时	学分
形势与政策（讲座）		1	毕业论文		8

附录9　教学科研获奖项目(省部级三等奖以上)

2017年

1. 臧建业、白永胜、赵忠、周丛照、赵伟、沈显生,生物学创新人才培养模式的探索与实践,获安徽省教学成果一等奖。

2. 周江宁、汪铭、胡兵、陈聚涛、薛天、孙红荣、张智、张隆华、白永胜,建设一流生理学课程体系的研究与实践,获安徽省教学成果一等奖。

3. 沈显生、肖卫华、张隆华、陈永艳、郭雨刚、江维、张效初,学科交叉背景下的“生命科学导论”教学研究与实践,获安徽省教学成果二等奖。

4. 向成斌、余林辉、蔡晓腾、陈曦、王士梅,EDT1/HDG11基因介导的抗旱节水,获安徽省自然科学技术奖二等奖。

5. 张效初、杨立状、崔官宝,基于互联网+大赛的学生创新创业能力培养,获安徽省教学成果三等奖。

2016年

1. 沈显生、周双云、孙红荣、杨迎润、邸智勇,西双版纳生物多样性野外教学实习的改革实践,获中国科学院教育教学成果二等奖。

2. 田志刚、魏海明、孙汭、张彩、张建,NK细胞新亚群发现与相关疾病机制研究,获安徽省自然科学技术奖一等奖。

2015年

1. 宋尔卫、王均、姚和瑞、姚雪彪、苏逢锡,乳腺癌转移的调控机制及靶向治疗的应用基础研究,获国家自然科学奖二等奖。

2. 沈显生、刘晓燕、张倩、邸智勇,生态学研究型野外实习教学模式的探索与实践,获安徽省教学成果奖一等奖。

2014年

1. 宋尔卫、姚和瑞、王均、苏逢锡、龚畅、于风燕、姚燕丹，恶性肿瘤细胞可塑性的调控机制及其靶向治疗的研究，获广东省科学技术奖一等奖。

2. 陈景元、阮迪云、骆文静、汪惠丽、刘明朝、郑刚、柯涛、张建彬、赵芳、刘新秦、蔡同建，铅的神经毒性机制及防护，获陕西省科学技术奖一等奖。

2013年

1. 周江宁、王光辉、刘荣玉、包爱民、朱德发，抑郁症发病的应激和突触调控机制，获高校自然科学奖二等奖。

2. 洪洞、刘海燕、罗昭锋、梁治，基于国际基因工程机器竞赛的学生自主创新能力培养，获安徽省教学成果一等奖。

3. 沈显生、刘晓燕等，鹞落坪生物学野外综合实习基地建设，获安徽省教学成果奖三等奖。

2012年

宋尔卫、姚和瑞、王均、苏逢锡、龚畅、于风燕、姚燕丹，非编码RNA在恶性肿瘤靶向治疗中的应用基础研究，获高校自然科学奖一等奖。

2011年

王福生、田志刚、张政、施明、福军亮、徐东平、张纪元、孙汭、金磊、邹正升，人体免疫应答影响乙型肝炎临床转归与抗病毒疗效的研究，获国家科技进步奖二等奖。

2010年

1. 刘兢、姚阳、杨正洪、王琛、吴强、吕沅冈、李昀、杨枫、朱德厚、官伟宁、张荣兴，抗P185neu/c-erbB-2单克隆抗体杂交瘤其制备方法及肿瘤检测用途，获第十二届中国专利优秀奖（国家知识产权局）优秀奖。

2. 王福生、田志刚、施明、张政、福军亮、张纪元、陈黎明、孙汭、金磊、徐东平、邹正升、王慧芬、汤紫荣、魏海明、张冰，人体免疫应答影响乙型肝炎临床转归及抗病毒疗效的研究，获中华医学科技奖一等奖。

3. 牛立文、滕脉坤、沈显生、丁丽俐等，本科教育创新与综合改革的研究与实践，获安徽省教学成果奖二等奖。

4. 牛立文、滕脉坤、朱中良、龚为民，蛇毒蛋白的结构生物学研究，获安徽省自然科学奖二等奖。

5. 周丛照、滕脉坤、沈显生、周江宁、刘海燕、向成斌，研究生培养创新机制的研究与实践，获安徽省教学成果奖二等奖。

6. 曹垒、沈显生、黄丽华、丛培昊，升金湖研究生创新基地特色教育，获安徽省教学成果奖二等奖。

7. 刘兢、吴强、程联胜、扬枫、李平、官伟宁，肿瘤标记物 P185/ErbB2 靶向的抗体诊断与治疗药物的研制与开发，获安徽省科技进步奖三等奖。

2009 年

刘海燕、滕脉坤、沈显生，生物工程与生物技术专业创新人才和实践能力培养的探索与实践，获第六届国家教学成果奖二等奖。

2008 年

田志刚、魏海明、孙汭、张建、郑晓东，介导肝脏损伤与再生的天然免疫识别及其调控机制，获国家自然科学进步奖二等奖。

2007 年

1. 田志刚、魏海明、孙汭、张建、张彩、郑晓东、梁淑娟、陈永艳、董忠军、江维、王静，肝脏天然免疫应答及其肝脏损伤和再生的细胞与分子机制，获中华医学科技奖一等奖。

2. 田志刚、魏海明、孙汭、张建、郑晓东，介导肝脏损伤与再生的天然免疫识别及其调控机制，获安徽省自然科学奖一等奖。

3. 沈显生，《植物学拉丁文》，获第七届安徽省优秀图书奖三等奖。

2006 年

阮迪云、汪铭、陈聚涛、汪惠丽、孟晓梅，环境铅对儿童学习记忆功能损伤与修复机制的研究，获高校自然科学奖二等奖。

2005 年

1. 吴缅、宋质银，癌症基因 Survivin 在肿瘤细胞中抗凋亡机制的研究，获安徽省科学技术奖三等奖。

2. 沈显生等，非生物类本科生生物学教学研究，获安徽省教学成果奖三等奖。

3. 沈显生等，非生物类本科生生物学教学研究与实践，获湖北省高等学校教学成果奖一等奖。

2003 年

吴缅，指导学生进行的“Bcl-rambo β 的发现和功能研究”，获第八届“挑战杯”全国大学生课外学术科技作品竞赛一等奖，吴缅被授予“优秀指导教师”称号。

2001 年

1. 黄诗笺、高崇明、刘兢、于其兴，刘思阳，非生物学类专业生物学基础课教学内容和课程体系改革研究，获国家级教学成果奖二等奖。

2. 王玉珍、牛立文、滕脉坤、徐冲、伍传金、杨永辉、罗昭锋，葡萄糖异构酶蛋白质工程研究，获教育部高等教育科学技术奖二等奖。

2000 年

1. 王玉珍、牛立文、滕脉坤、徐冲、伍传金、杨永辉、罗昭锋，葡萄糖异构酶的蛋白质工程，获高校自然科学奖二等奖。

2. 王玉珍、牛立文、滕脉坤、徐冲、伍传金、杨永辉、罗昭锋，葡萄糖异构酶蛋白质工程研究，获安徽省教育厅科技进步一等奖。

1999 年

施蕴渝、王存新、刘海燕、徐英武、向则新，生物分子结构与动力学的计算机模拟，获 1999 年国家自然科学奖三等奖。

1997年

寿天德、周逸峰、胡兵、李祥瑞，视觉系统方位和方向选择性的神经机制，获中国科学院自然科学奖二等奖。

1996年

1. 施蕴渝、王存新、刘海燕、徐英武、向则新，生物分子结构与动力学的计算机模拟，获中国科学院自然科学奖二等奖。

2. 宋礼华，刘兢等，人 α-干扰素单克隆抗体的研制及应用，获1995年国家科委科技进步奖三等奖。

1994年

1. 宋礼华、刘兢等，人 α-干扰素单克隆抗体的研制及应用，获安徽省科委科技进步一等奖。

2. 徐洵、王玉珍、崔涛、王淳、刘兢，尖吻蝮蛇毒的生化研究，获中国科学院自然科学奖二等奖。

1983年

陈霖，视觉知觉的拓扑结构，获中国科学院重大科技成果奖。

1981年

梁伟全、胡沛然，核酸、蛋白质紫外检测仪，获中国科学院重大科技成果奖。

1979年

陈霖、顾凡及，关于鲎眼侧抑制网络功能的一些研究，获中国科学院重大科技成果奖。

1978 年

寿天德、孙玉温、陈惠然等，耳根环麻醉的临床研究，获中国科学院重大科技成果奖、安徽省重大科技成果奖。

附录10　生命科学学院平台和实验室建设情况

1. 国家级生命科学实验教学示范中心

中国科学技术大学生命科学实验教学中心成立于2000年，是校、院两级管理的教学部门，2007年获批为“国家级生物学实验教学示范中心”建设单位。中心现有专、兼职教师40人，参与实验课程设计、主讲、辅导及创新实验课程的指导，形成了一支由学术带头人负责，教育理念先进，勇于创新的高水平实验教学队伍。

实验教学中心以培养基础扎实、知识面广、实践能力强的生命科学领域的优秀人才为目标，建成了由7个专业基础教学实验室及教学科研共用的生命科学实验中心组成的实验教学平台，占地面积约5000平方米，并在云南西双版纳热带植物园、安徽省升金湖国家级自然保护区以及安徽省鹞落坪国家级自然保护区建立了3个野外实习基地。实验教学中心的仪器设备数量充足，性能优良，实验教学平台建设居于国内领先水平。实验教学中心贯彻落实了与科研实验室同步的现代化的管理和运行理念，建立了完善的实验室开放、管理和安全制度，能完全满足对学生实践创新能力进行培养的要求。

近年来，实验教学中心共承担多项国家级、省级和校级的实验教学改革项目，多项成果获国家级和省部级奖项。出版多本实验教材和实验讲义，发表教学研究论文多篇。实验教学中心还免费为安徽省多所高校和中学教师开展数次培训，起到了很好的辐射作用，促进了省内高校及中学生命科学实验教学工作的发展。

此外，在生命科学实验教学中心的支持下，中国科学技术大学本科生自2007年起，连续多年在国际遗传工程机器设计竞赛(iGEM)中取得优异的成绩，截至2017年累计获得15金3银1铜，共19枚奖牌，并获得最佳基础技术奖和最佳软件工具奖等单项奖3个。

2. 生命科学实验中心

生命科学实验中心是在国家“985工程”“211工程”和一流大学建设经费支持下，于2000年开始建设并投入使用的，是中国科学技术大学的六大公共实验中心之一，拥有价值2.3亿元的固定资产和近6000平方米的设施场地。生命科学实验中心一直坚持"集中管理，资源共享，开放共用"的原则，服务于学校科研和教学，支撑生命科学及相关学科的建设和人才培养，支撑重点实验室和重点学科建设。生命科学实验中心不仅是全校生命科学和生物医学相关学科大型实验仪器测试的支撑平台，也是研究生创新能力培养和实验教学的重要基地。生命科学实验中心还积极为全国高校、科研院所及周边企事业单位提供测试服务和技术咨询，协助他们解决了一大批技术问题。为中科院、高校以及企业提供测试服务，促进相关教学、科研工作的开展，产生了可观的社会效益和投资效益。

生命科学实验中心为学科建设提供了全面的支撑。在支持重大项目申请、发表高端研究论文、促进专利成果转化、培养高端人才以及为学校吸引高端人才等方面都发挥了重要的作用。在建设过程中，平台不断自我迭代，突破传统经验束缚，不断开拓创新，建立了完善、健全的规章制度。以仪器管理信息化为切入手段，不断完善大型仪器自动化管理系统，促进了全院仪器等公共资源的整合，成为学校的仪器信息化管理平台，并率先实现与中科院以及科技部的数据对接。

生命科学实验中心已经在国内高校及科研院所中建成管理先进、装备精良、服务优质、公用共享、开放高效的高水平公共实验技术服务支撑平台，将继续围绕"双一流"建设的整体布局，瞄准生物医学科学（Biological and Biomedical Sciences）建设世界一流学科的目标，布局大生命医学科学平台。立足生物一流学科发展基础并前瞻未来生命医学部的"新医学"布局，合理配置资源，优化学校学科生态体系，加大平台建设力度，服务于人才培养和从基础到转化的全链条型研究，为我校生物医学科学的发展提供有力的技术支撑，打造一个与时俱进的"开放共享、智慧网络、云端数据、学科交叉"的新生命医学科学平台。

3. 实验动物中心

实验动物中心是中国科学技术大学重要的公共服务平台之一，其前身是实验动物房。2004年生命科学大楼建成，在大楼的10楼和11楼兴建了大约500平方米的实验动物房（可以提供SPF级和清洁级啮齿类动物饲养及实验）及一个灵长类动物小型实验室，被命名为实验动物中心。

随着生命学院的发展，实验动物的重要性越来越突出，实验动物的使用数量和质量都在不断提升。2004年建成的实验动物中心已经不能满足日益增长的动物实验需求。2012年，在生命学院负一楼扩建了约1800平方米SPF级啮齿类实验动物设施，并增添了多台用于动物实验的仪器，如小动物成像仪、动物生化仪、血细胞分析仪、显微注射仪等。目前饲养动物的数量约有2万只，种类达200多种（包括各种基因敲除和转基因小鼠），工作人员有20人。此外还搭建了以基因编辑和胚胎操作技术为主的技术平台，成功构建数十种基因敲除小鼠及敲入小鼠，构建了动物体外受精及胚胎冻存技术、动物单细胞挑选技术等，极大地助力生命科学研究。

在即将实施的发展规划中，新生物楼10层的一部分将搭建无菌动物平台，引入无菌动物饲养和实验设备，以及相应的灭菌设备，用于肠道微生物等研究。10楼的另一部分将用于增加基因编辑和胚胎操作平台空间，满足各学科对基因编辑动物的迫切需求，同时扩大实验动物种质资源非活体保存（精子冻存、胚胎冻存）等工作。

实验动物中心除服务于生命科学和医学研究外，还为有动物实验需求的化学院、工程学院、合肥物质科学研究院等单位提供力所能及的服务。

4. 合肥微尺度物质科学国家研究中心

合肥微尺度物质科学国家研究中心的前身是合肥微尺度物质科学国家实验室（筹）。合肥微尺度物质科学国家实验室是科技部2003年11月批准筹建的5个国家实验室之一。实验室建设计划于2004年11月通过了科技部组织的海内外专家的论证。2017年，合肥微尺度物质科学国家实验室重组调整为合肥微尺度物质科学国家研究中心。2017年11月21日，科技部正式批准在原微尺度国家实验室（筹）的基础上组建合肥微尺度物质科学国家研究中心，全国第一批共组建6个国家研究中心。国家研究中心隶属于科技部管理的国家重点实验室序列，体量和支持力度相当于多个国家重点实验室。2018年3月，合肥微尺度物质科学国家研究中心建设运行实施方案通过专家论证。

合肥微尺度物质科学国家科学中心将成为提升国家重大战略性基础研究能力的核心力量、引领国际前沿科学发现和技术突破的新引擎，是合肥建设具有全球影响力的综合性国家科学中心的基础支撑，是构建国家创新体系的重要组成部分。中心将面向世界科技前沿、面向经济主战场、面向国家重大需求，聚焦未来信息、新能源和生命健康等重大创新领域，继续以纳米科技、生物科技、信息科技和认知科学的多学科（NBIC）交叉创新为导向，开展微尺度物质体系的基础和应用基础研究，汇聚一流创新资源，完善协同创新体制机制，抢占科学研究制高点，打造原创成果策源地，在微尺度物质科学领域成为代表国家水平、体现国家意志、承载国家使命的科研与人才培养基地。

合肥微尺度物质科学国家科学中心现设有10个研究部。凝聚了一支以具备多学科背景的杰出人才为学科带头人、以优秀青年人才为主体的研究队伍和一支高水平的技术支撑队伍。370余位研究人员中，包括12位院士、10位“千人计划”入选者、15名“长江学者”特聘教授、48位国家杰出青年基金获得者、71位“青年千人计划”入选者、62位“百人计划”入选者、9个国家自然科学基金委创新研究群体和6个教育部创新团队。生命科学学院作为重要组成部分，组建了分子与细胞生物物理研究部、神经环路与脑认知研究部、分子医学研究部和Bio-X交叉科学研究部等四大研究部。

5. 中国科学院结构生物学重点实验室

中国科学院结构生物学开放研究实验室成立于1997年。自成立以来，先后获得2个国家基金委创新群体项目资助。

本实验室围绕细胞活动的蛋白质网络，利用细胞分子生物学、结构生物学、生物信息学、合成生物学和化学生物学等研究手段，开展蛋白质及其相互作用、蛋白质机器、表观遗传调控、膜蛋白等重要功能蛋白质及其复合物的研究，取得了一系列重要研究成果。

本实验室承担了包括国家重大基础研究计划、国家自然科学基金重大、重点项目以及中国科学院重大、重点项目的研究课题。实验室成员作为首席科学家主持“973计划”项目、“863计划”项目、国家重大基础研究计划和中科院重大项目6项。

本实验室现有中国科学院院士1名，教授、特任研究员20名，其中4名教授获国家杰出青年科学基金资助，有10名教授是中国科学院“百人计划”入选者(包括1名教育部长江学者特聘教授、1名全国百篇优秀博士论文获得者)。

6. 中国科学院脑功能和脑疾病重点实验室

中国科学院脑功能与脑疾病重点实验室成立于2009年12月，成立的目的是凝聚中国科学技术大学在脑功能与脑疾病方面的研究力量，快速提升中国科学院在脑疾病研究领域中的影响力和国际竞争力；建成从事转化型研究的一流平台，促进脑功能和脑疾病的基础研究成果向临床应用的转化；培养一批在该领域中享有一定国际声誉的科学家，凝聚一批从事转化型研究的学术带头人和青年人才。

目前，实验室已建立光遗传平台、神经光子工作站、激光显微切割工作站、活细胞工作站、人体脑电和诱发电位工作站、电生理实验平台、动物行为学平台、分子生化免疫组化平台以及立式加工中心等实验平台，在保障科研项目(包括兄弟院系及周边地区相关科研单位的科研项目)的顺利进行、研究生培养、本科生教育等过程中发挥了重要的支撑作用。与此同时,积极开展与同步辐射国家实验室、合肥微尺度物质国家研究中心、中国科学院强磁场科学中心等科研机构的合作研究。

本实验室现有包括 17 名 PI 在内的固定人员 35 人,其中中组部"千人计划"入选者 1 人、中组部"青年千人计划"入选者 5 人、中科院"百人计划"9 人、教育部新世纪优秀人才 2 人、教育部"长江学者"和国家杰出青年科学基金获得者各 1 人。本实验室科研方向明确,科研力量集中,形成了一支在学术前沿进行创新性研究的精悍的学术队伍。本实验室的建立符合国家战略发展需求,将为加强我院面向人口健康领域的转化研究做出贡献。

7. 中国科学院天然免疫与慢性疾病重点实验室

中国科学院天然免疫与慢性疾病重点实验室于 2014 年 8 月 21 日正式成立,是从事黏膜天然免疫与疾病机理自主创新研究和人才培养的重要基地。

本实验室主要研究肝脏、肺脏、肠道、生殖等黏膜免疫相关组织器官中天然免疫细胞的特有和共有免疫学特性、功能及其与重大疾病(肿瘤、感染、自身免疫病、器官/骨髓排异等)发生发展的共同规律,并发现与开发新型免疫治疗靶点、免疫治疗技术及其产品。实验室设 4 个主要研究方向:天然免疫基本科学问题研究、肝脏天然免疫研究、黏膜天然免疫研究、重要疾病的天然免疫研究。

本实验室成员共有教授/特任研究员 26 人,副教授/特任副研究员 14 人,含教育部"长江学者"特聘教授 1 人,国家杰出青年科学基金获得者 5 人,中国科学院"百人计划"入选者 14 人,中组部"青年千人计划"入选者 6 人,国家优秀青年科学基金获得者 4 人,教育部新世纪优秀人才支持计划入选者 3 人。

本实验室成员曾获得 2008 年国家自然科学二等奖("介导肝脏损伤与再生的天然免疫识别及其调控机制",第一完成单位),2011 年国家科技进步二等奖("人体免疫应答影响乙型肝炎临床转归及抗病毒疗效的研究",第二完成单位);"恶性肿瘤细胞可塑性的调控机制及其靶向治疗的研究"获 2014 年广东省科学技术奖一等奖(第二完成单位)。"肝脏天然免疫"获 2015 年度何梁何利科学与技术进步奖;"恶性肿瘤转移的调控机制及靶向治疗的应用基础研究"获 2015 年国家国家自然科学二等奖(排名第二,第二完成单位)。

8. 安徽省分子医学重点实验室

安徽省分子医学重点实验室 2003 年由安徽省科技厅批准建设,2004 年 12

月通过省科技厅组织的专家组验收，多年来，在安徽省科技厅和中国科学技术大学的指导及大力支持下，借助中国科学技术大学生命科学学院在基础生物学领域、安徽省立医院在临床医学领域等方面的优势，明确建设目标、凝练研究方向，确立分子医学为共同研究领域，进而拓展到肿瘤、肝病等我省重要防治疾病的基础与临床研究。

本实验室的主要研究方向是天然免疫与慢性疾病机理研究，重点研究肝脏、肺脏、肠道、生殖系统等天然免疫细胞的共有免疫学特性、功能及其与重大疾病发生发展的共同规律，并发现与开发新型免疫治疗靶点、免疫治疗技术及其产品。结合安徽省实际情况，确立肿瘤免疫学与肿瘤生物治疗、肝脏天然免疫与肝脏疾病以及医药生物技术为三个主要研究方向，从蛋白质及基因水平研究肿瘤、肝病的发病机制及防治措施，建立新型生物治疗技术，开发基因工程药物。

本实验室的奋斗目标是引领国内天然免疫研究，力争筹建"天然免疫与慢性复杂疾病"国家重点实验室，在慢性疾病的天然免疫研究中占据国际领先地位。

本实验室在国内外天然免疫领域实验室中具有领先地位，在国家科技发展、国防建设中发挥重要作用。本实验室成立以来，承担国家各类科技项目多项，以通讯作者在《Cell》《Nat Immunology》《Immunity》《Cancer Cell》《Journal of Experimental Medicine》《Nature Communication》《Cancer Research》等重要国际杂志上发表了一系列高水平学术论文，并于2017年4月获得安徽省自然科学奖一等奖。

9. 安徽细胞动力学和化学生物学省级实验室

安徽细胞动力学和化学生物学省级实验室依托中国科学技术大学，于2008年经省科技厅批准建设，是一个建立在细胞生物学、纳米生物学、结构生物学、有机化学及天然产物化学等多学科交叉基础之上的面向安徽中药现代化及国民经济发展的创新型实验室。针对重大疾病（肿瘤、代谢性疾病等）发生发展的重要分子靶标或调控网络，以富有我国特色的天然产物及化学合成化合物为主要研究对象，开展先导化合物发现与结构功能研究，为发现具有新颖结构的生物活性物质及创新药物研究提供物质基础。

实验室主任为姚雪彪教授，学术委员会主任为施蕴渝院士。实验室现有固定人员13名，其中高级职称（包括副高）8人，包括"长江学者奖励计划"特聘教授1名、中科院"百人计划"入选者2名、国家杰出青年基金获得者1名、教育部"长江学者"1名，初步形成了一支以中青年科技人才为骨干的研究梯队。

10. 安徽省医药生物技术工程研究中心

安徽省生物医药工程技术研究中心是中科大生命科学实验中心的一个专业公共服务平台，是以生物技术药物创新应用研究开发为核心的转化平台。“中心”包括前期药物开发实验室、理化鉴定与功能评价实验室、生物安全实验室、药效与安全评价实验室、基因工程药物中试基地，可开展新药筛选、毒理、药理、代谢研究，重组蛋白质药物和细胞治疗制剂等中试工艺摸索、优化及放大生产，形成了从新药创制到临床前研究以及中试工艺开发的完整的研发平台。为中科大科研成果转化应用和安徽省生物医药产业的发展提供了有力的保障。近年先后被安徽省科技厅、教育厅和发改委授予“安徽省重组蛋白质工程技术研究中心”“安徽省生物医药研究院”和“安徽省免疫治疗工程实验室”。

“中心”已承担国家级科研项目等近 50 项，包括国家“863 计划”项目、传染病重大研究专项及新药创制专项等生物技术药物相关基础研究和开发项目等十余项；获得项目经费总额超过了 5000 万元；已发表医药生物技术相关论文 100 余篇；获生物技术相关授权专利 20 余项；近几年完成科研成果转让 4 项，转让金额共计 1 亿多元。

基因工程药物中试基地是生命科学学院国家教学示范中心的重要组成部分，是中科大生物技术专业人才培养和教育的重要基地、生物技术专业工程硕士的实践基地，承担“医药生物技术中试理论实验”和“生物技术药物过程理论与试验”等专业实验课程的教学工作。2010 年安徽省教育厅批准了中试基地“生物医药技术省级开放实训基地”的申请，中试基地将为国家生物技术药物人才培养做出重大贡献。

11. 中国科学技术大学免疫研究所

中国科学技术大学免疫学研究所成立于 2001 年，现有教授 8 人、兼职教授 4 人（均获海外青年学者合作基金资助）、副教授 8 人、博士后 6 人、博士生和硕博连读研究生 70 余人。教授中含中国工程院院士 1 人、国家杰出青年科学基金获得者 2 人、“长江学者”奖励计划特聘教授 1 人、中科院“百人计划”引进教授 4 人。实验室成立以来，承担国家各类科技项目多项，以通讯作者在《Cell》《Nature Immunology》《Immunity》《Cell Metabolism》、《Journal of Clilvical Investigation》《Journal of Experimental Medicine》《Nature Communication》《PNAS》《Hepatology》《Cancer Research》等重要国际杂志上发表了一系列高水平学术论文。

免疫学研究所于 2007 年获得教育部“天然免疫生物学创新研究团队”称号，2008 年获得国家基金委“天然免疫与重大疾病创新研究群体”称号。2008 年，“介导肝脏损伤的天然免疫识别机制”获得国家自然科学二等奖；“肝脏天然免疫”获 2015 年度何梁何利科学与技术进步奖；2017 年 4 月获得安徽省自然科学一等奖。以免疫学研究所为主体成立了“安徽省分子医学重点实验室”(2002)和“安徽省生物技术药物工程技术研究中心”(2007)。积极参与扩建“中国科学技术大学生命科学实验中心实验动物部(含 P3 实验室)”和“医药生物技术中试基地”的建设，为免疫学研究提供了技术平台。中国免疫学会唯一英文会刊《Cellular & Molecular Immunology》由本所承办，曹雪涛院士和田志刚院士任共同主编，该杂志 2007 年被 SCI 收录，2018 年公布的影响因子为 7.556。

本研究所主要围绕黏膜免疫与疾病机理开展研究，主要研究肺脏、肝脏、肠道、生殖等黏膜免疫中天然免疫细胞的共有免疫学特性、功能及其与重大疾病(肿瘤、感染、自身免疫病、器官/骨髓排异等)发生发展的共同规律，并发现与开发新型免疫治疗靶点、免疫治疗技术及其产品。

附录11　生命科学学院成立以来引进的人才

姓　名	专业职务	性　别	引进时人才项目	进校日期
徐天乐	教授	男	中国科学院百人计划	1998年
姚雪彪	教授	男	长江学者特聘教授、中国科学院百人计划	1999年
龚为民	教授	男	中国科学院百人计划	1999年
沈显生	教授	男		1999年
吴　缅	教授	男	中国科学院百人计划	1999年
徐希平	教授	男	中国科学院百人计划	2000年
刘海燕	教授	男	中国科学院百人计划	2000年
田志刚	教授	男	中国科学院百人计划	2001年
周江宁	教授	男	中国科学院百人计划	2001年
陈　林	教授	男		2002年
温龙平	教授	男	中国科学院百人计划	2002年
魏海明	教授	男		2002年
向成斌	教授	男	长江学者特聘教授、中国科学院百人计划	2003年
孙宝林	教授	男	中国科学院百人计划	2003年
周丛照	教授	男	中国科学院百人计划	2004年
肖卫华	教授	男		2004年
史庆华	教授	男	中国科学院百人计划	2004年
孙　汭	教授	女		2006年
田长麟	教授	男	中国科学院百人计划	2006年
孙　斐	教授	男	中国科学院百人计划	2006年
王　均	教授	男	中国科学院百人计划	2006年
胡　兵	教授	男	中国科学院百人计划	2007年
陈宇星	教授	女		2007年

续表

姓　名	专业职务	性　别	引进时人才项目	进校日期
朱　涛	教授	男	中国科学院百人计划	2007 年
毕国强	教授	男	长江学者特聘教授、 中国科学院百人计划	2007 年
臧建业	教授	男	中国科学院百人计划	2007 年
杨昱鹏	教授	男	中国科学院百人计划	2007 年
刘北明	教授	女	中国科学院百人计划	2008 年
廉哲雄	教授	男	长江学者特聘教授、 中国科学院百人计划	2009 年
张华凤	教授	女	中组部千人计划 C 类 中国科学院百人计划	2010 年
高　平	教授	男	安徽省百人计划	2010 年
张志勇	教授	男		2010 年
白　丽	教授	女	中国科学院百人计划	2010 年
单　革	教授	男	中国科学院百人计划	2010 年
光寿红	教授	男	中组部千人计划 C 类 中国科学院百人计划	2010 年
吴清发	教授	男		2010 年
张效初	教授	男	中国科学院百人计划	2010 年
蔡　刚	教授	男		2010 年
张效初	教授	男	中国科学院百人计划	2010 年
周荣斌	教授	男	中国科学院百人计划	2011 年
江　维	教授	女		2011 年
梅一德	教授	男		2011 年
赵　忠	教授	男	中国科学院百人计划	2011 年
杨振业	教授	男	中组部千人计划 C 类	2012 年
薛　天	教授	男	中组部千人计划 C 类	2012 年
丁　勇	教授	男	中组部千人计划 C 类	2012 年
张　智	教授	男	中组部千人计划 C 类	2012 年
刘　强	教授	男	中组部千人计划 C 类	2012 年

续表

姓　名	专业职务	性　别	引进时人才项目	进校日期
宋晓元	教授	女	中组部千人计划 C 类	2012 年
柳素玲	教授	女	中组部千人计划 C 类	2013 年
刘　丹	教授	男	中组部千人计划 C 类	2013 年
熊　伟	教授	男	中组部千人计划 C 类	2013 年
汪香婷	特任研究员	男	中国科学院百人计划	2013 年
温　泉	特任研究员	男	中国科学院百人计划	2013 年
申　勇	教授	男	中组部千人计划 A 类	2014 年
金腾川	特任研究员	男	中国科学院百人计划	2015 年
王育才	教授	男	中组部千人计划 C 类	2015 年
龙　冬	教授	男	中组部千人计划 C 类	2015 年
仓春蕾	教授	男	中组部千人计划 C 类	2015 年
符传孩	教授	男	中组部千人计划 C 类	2015 年
许　超	教授	男	中组部千人计划 C 类	2016 年
马世嵩	特任教授	男	中组部千人计划 C 类	2016 年
瞿　昆	特任教授	男	中组部千人计划 C 类	2016 年
孙林峰	特任教授	男		2017 年
朱　书	特任教授	男	中组部千人计划 C 类	2017 年
陶余勇	特任教授	男	中组部千人计划 C 类	2017 年
黄成栋	特任教授	男	中组部千人计划 C 类	2017 年

附录 12 中科大生命科学大事记

1958 年

6 月 2 日，中国科学院（以下简称“中科院”）创办中国科学技术大学（以下简称“中科大”）的申请正式得到了中央书记处的批准。中科院采取“全院办校，所系结合”的办学方针，动员各研究所参与创办中科大。

6 月 16 日，中科院院长郭沫若主持召开建校筹备委员会第一次会议，讨论通过了建校方案、系科设置和招生简章等，其中生物物理系成为建校之初设置的 13 个系之一。

7 月 28 日，学校筹备委员会举行第一次系主任会议，确定了各系主任等干部的任命，其中贝时璋担任生物物理系主任。

7 月 29 日，中科院院务常务会议通过决议，将北京实验生物研究所改为生物物理研究所，由贝时璋任所长；9 月 26 日，此决议得到国务院科学规划委员会的批准。

9 月 20 日，中科大举行成立大会暨首批学生开学典礼。

1959 年

是年初，中科大首次向社会发布全校 13 个系的专业介绍，其中，生物物理系的专业介绍由贝时璋撰写。

3 月 6 日，生物物理系主任贝时璋、副主任康子文、党支部书记何曼秋三人成为学校的校务委员。

1960 年

3 月 15 日，中科院力学研究所提出在生物物理系中增加生物力学方向，但未获校务委员会采纳。

1961 年

9 月 15 日，中科大公布 1961 年招生工作情况总结。

11 月 26 日，中科大公布党总支（支部）委员分工名单，宣布崔铭珠任生物物理系党总支书记，李淑杰任党总支副书记。

1962 年

1 月，中科大人事处公布关于机构调整和人员编制的报告，提出将原先学校 13 个系的建制合并为 5 个系 20 个专业、6 个系 20 个专业及 7 个系 24 个专业的三个备选方案。

5 月 18 日，教务处上报《关于调整系和专业的意见（草案）》，建议把生物物理系并入近代物理系，成为近代物理系的一个专业。

8 月 8 日，中科院生物物理研究所回复中科大党委办公室，对于系和专业的调整方案表示支持。

9 月，生物情报学专业被并入生物物理系。

1963 年

2 月 14 日，生物物理系确定 1963 年计划招收新生 25 人。

7 月 14 日，中科大隆重举行首届学生毕业典礼。陈毅元帅、聂荣臻元帅、郭沫若校长和刘达书记到场。参加典礼的中科院生物学部代表有：童第周、林镕、过兴先，生物物理所代表有：贝时璋、王鹤坪、徐凤早、马秀权、刘蓉、陈法层、沈淑敏、杨纪珂、施履吉、叶毓芬。

10 月 11 日，教务处制定《七个系专业专门组的调整方案》。将生物物理专业的基础课，由均是甲等修改为：高等数学甲等、普通物理乙等、普通化学乙等。

1964 年

7 月，全校共毕业 1420 人，其中生物物理专业毕业 49 人。

7 月，校务常委会讨论决定将原有的 12 个系合并为 6 个系：数学系、物理系（包含原技术物理系、生物物理系、应用地球物理系——除探空技术专业）、近代化学系（包含原近代化学系、高分子化学和高分子物理系、地球化学系、化学物理系）、近代物理系、近代力学系、无线电子学系（包含原无线电电子学系、自动化系和应用地球物理系的探空技术专业)，将生物物理系并入物理系中，成为生物物理专业。

10 月 20 日，生物物理专业的专业组织代号确定。教务处重新制定生物物理专业的培养目标、主要专业、学习课程以及可适应的工作部门等。

1965 年

是年初，教务处制定 1965 年人员编制的计划、报告及意见方案。制定生物物理系合并至物理系后的招生专业介绍，提出对本专业学生从四个方面进行培养：① 生物物理基本结构、性能和运动规律；② 生物的能量代谢；③ 生物的信息控制；④ 生物物理的仪器技术。

1968 年

4 月，在党中央和国务院的统一部署下，生物物理所的宇宙生物室、空间试验动物室、宇宙生物总体室等三个实验室的百余名科技人员同其他相关单位的科技人员一起，组建成航天医学工程研究所。生物物理系毕业的 9 名校友在其中担任重要职务。

1969 年

10 月 21 日，中科大革命委员会召开全委紧急会议，驻校宣传队副指挥赵湘濮传达上级关于战备疏散下放的指示，要求学校立刻疏散搬迁到河南省去。

12 月初，中科大开始着手准备从北京向安庆搬迁，先遣人员 90 人赶赴安庆。

1970 年

中科大整体搬迁到合肥。

1971 年

是年初，中科大开始筹备招收工农兵学员事宜。对物理系下属的生物物理专业，提出了具体的教改意见：暂停招生，进行教育革命探索。

4 月 2 日，中科大革命委员会在《关于我校归口、体制、专业调整等问题的请示报告》中建议生物物理专业暂缓招生。

1972 年

7 月 8 日，中科大党委会向中共安徽省委建议刘达重新担任学校党委书记。9 月 26 日，经安徽省革委会批复，刘达被任命为中科大党委书记、革委会主任。

11 月 3 日，中科大召开党委常委会议，讨论学校师资队伍建设问题，拟将原先分配在学校工厂内的 1963 级、1964 级学生，除了极少数外，其余的人员一律从工厂抽出，集中培训一年时间后，全部充实到各个理论教研室中承担教学任务。

11 月 28 日，中科大决定先将 1964 级、1965 级留校毕业生从工厂中调出，根据各系基础教研室的需要，分配到各系，由各系自己负责培养，同时，学校设计了三种举办师资培训班的方案，以应对学校校舍紧张的情况。

1973 年

2 月 1 日，中科大党委常委扩大会议决定从教工家属和其他适合从事教师工作的校内人员中选择 50 名左右的人员充实到教师队伍中，另从 1963 级、1964 级、1965 级毕业生中选拔 100 人调入学校担任教师工作。

9 月，生物物理专业招收第一届工农兵学员。

1974 年

7 月 20 日，中科大教师进修"一班"结业。

1975 年

9 月，生物物理专业招收第二届工农兵学员。

1976 年

是年初，生物物理专业承担的"针刺镇痛原理研究"项目被列入安徽省 1976 年科研项目。

1977 年

8 月 4—12 日，中科大第一次工作会议在北京召开。会议提出要加强基础教研室的建设，积极酝酿科研体制的改革。改革主要涉及系、专业的调整，研究室的建立，以及建立起与之相对应的校、系两级机关建制。

9 月 5 日，中科院向国务院提交《关于中国科学技术大学几个问题的报告》，提出要继续采取“全院办校，所系结合”的方针；采取措施加强教学、科研工作；扎根安徽，把中科大办成一个能够独立进行高水平教学和科研的重点大学；在北京设立中科大研究生院等七条措施。

12 月 23 日，中科大革命委员会发布《关于我校教学科研机构设置方案的请示报告》（校革字第 91 号文件），提出在原先 6 个系的基础上，新组建 3 个系：地球物理和地球化学系、生物系、精密机械系。生物系下辖两个教研室：分子生物研究室和生物物理研究室。次年 1 月 20 日，中科大将该报告呈报给中科院。

1978 年

3 月 15 日，中科院批复同意中科大关于院系的调整决定。涉及的调整包括建立生物系、撤销专业委员会、重建教研室等。中科院上海细胞生物所所长庄孝僡担任生物系的首任系主任，生物物理所副所长邹承鲁担任副主任，生物物理所副研究员沈淑敏担任副主任。

8 月，耳根环麻醉镇痛原理的研究获得了 1978 年中科院重大科研成果奖和安徽省重大科研成果奖，成为中科大生物系第一个获奖的科研成果。

9 月，生物系招收第一届研究生，共 5 人，分别为：时祥平、许笠、王平明、王传宗、沈佐锐。他们的导师为杨纪柯，专业为“生物数学”。

12 月 4 日，校党委常委会任命张炳钧为生物系党总支书记，刘兢为副书记，杨纪珂、孔宪惠为生物系业务副主任，罗普为生物系办公室主任。

1979 年

2 月，中科大公布研究生招生专业目录。生物系只有一个招生专业——生物数学，该专业只有生物数学一个研究方向，指导老师是杨纪珂。

1980 年

是年，生物系建立生物物理实验室和分子生物学实验室。

1981 年

5 月 11 日，中科大成立学位评定委员会筹备小组，生物系教师孙玉温是成员之一。

9 月，徐洵和其他实验员从蛇毒中纯化出几种出血毒素和毒性相关的成分，研究出了它们的生化特性和毒性作用机理。该研究结果发表在国际毒素专业刊物《Toxicon》上。

10 月，中科大领导在美国马里兰大学学院公园校区与该院系领导进行了会谈，美国马里兰大学学院公园校区农业和生命科学部以及马里兰大学巴尔的摩县校区生物科学系与中科大生物系签订了谅解备忘录。中科大副校长杨海波代表学校签署了协议，时任中科大教务长任知恕代表生物系系主任签署了备忘录。

1982 年

11 月，陈霖在《Science》上发表论文，成为改革开放后在《Science》上发文的首位中国学者。

是年，生物系建立视觉研究实验室，确定以研究视觉信息处理的中枢机制为主要的研究方向。

1983 年

是年，陈霖在生物系建立与视觉密切相关的认知心理学实验室。

1984 年

3 月 18 日，学校第一个较大规模的学生学术团体——中科大(学生)生物医学工程协会成立。

是年，寿天德担任生物系系主任。

1988 年

11 月，徐洵、王培之和施蕴渝牵头组织的三个独立的项目通过了“863 计划”审批。徐洵的项目是“葡萄糖异构酶的蛋白质工程”，施蕴渝的项目是“蛋白质分子设计的新技术研究”，王培之的项目是“枯草杆菌蛋白酶的蛋白质工程”。这是生物系教师首次承担国家“863 计划”项目。

1989 年

12 月 8 日，牛立文获得首届“中科院青年科学家奖”二等奖。

1991 年

10 月 5 日，国务院学位委员会批准了第四批博士学位授权学科、专业及其指导教师。徐洵入选，方向为分子生物学。

1992 年

6 月 15—16 日，陈霖主持的中科院北京认知科学开放研究实验室通过中科院验收。

1993 年

1 月 9 日，陈霖被聘为国家第二批攀登计划“认知科学中前沿领域若干重大问题的研究”项目首席科学家。

2 月，施蕴渝获“1991－1992 年度国家科委‘863’计划先进工作者”称号。

10 月 6—8 日，全国第三届青年生物医学工程学术大会在中科大生物系召开。

是年，学校公布具有授予博士学位的学科点及指导教师，生物系有两个博士点获批，分别是分子生物学，指导教师是徐洵和施蕴渝；生物物理，指导教师是陈霖和寿天德。

1994年

1月，中科大生物系和上海药物所等8个单位共同承担的“七五”重大研究项目——“阿片肽及其它一些神经肽研究”通过国家验收。

6月14日，在“安徽省高等学校先进教务处、教学先进单位和优秀教务工作者表彰大会”上，中科大生物系被评为“安徽省教学先进单位”。

11月8日，李振刚主持的“天蚕丝质基因导入家蚕的染色质遗传工程”通过安徽省科委组织的鉴定。

是年，以徐洵、王玉珍、崔涛、王淳、刘兢为研究骨干的“尖吻蝮蛇毒的生化研究”获得“中国科学院自然科学二等奖”。宋礼华、刘兢等人主持的“人α-干扰素单克隆抗体的研制及应用”获得“安徽省科委科技进步奖一等奖”。

1995年

4月20日，经中科院批准，中科大生物系设立“结构生物学青年实验室”，牛立文副教授担任实验室主任。该实验室是中科院微观生物学领域中唯一的一个青年实验室。

7月，美国加州理工学院诺贝尔奖得主R. Marcus教授访问生物系，寿天德向来宾介绍视觉研究的相关工作。

是年，宋礼华、刘兢等人主持的“人α-干扰素单克隆抗体的研制及应用”获得“国家科委科技进步奖三等奖”。

1996年

10月15日，国家自然科学基金委生命科学部副主任童道玉研究员来校做“生命科学部发展规划及基金申请有关情况”的报告。

是年，以施蕴渝、王存新、刘海燕、徐英武、向则新为核心的“生物分子结构与动力学的计算机模拟”获得“中国科学院自然科学二等奖”。

1997年

4月，生物系成立“中科院结构生物学开放实验室”，施蕴渝担任实验室主任。该开放实验室是在“结构生物学青年实验室”的基础上进一步整合发展起来的。

11月18日，施蕴渝当选"中国科学院院士"。

12月17日，中科院批复同意中科大成立生命科学学院。下设分子生物学与细胞生物学系、神经生物学与生物物理学系及若干科研机构。

是年，寿天德、周逸峰、胡兵、李祥瑞的"视觉系统方位和方向选择性的神经机制"获得"中科院自然科学二等奖"。

1998年

1月12日，中科大发布《关于成立中国科学技术大学生命科学学院的通知》，任命施蕴渝为院长，刘兢、牛立文任副院长，王更生为党总支书记，丁丽俐为党总支副书记，滕脉坤为院长助理。

1999年

5月，施蕴渝、王存新、刘海燕、徐英武、向则新等的"生物大分子的计算机模拟"获"国家自然科学三等奖"。

是年，"结构生物学开放实验室"整体进入中科院知识创新工程（试点），获得知识创新工程（试点）支持。

2000年

9月19日，中科大与中科院上海生命科学研究院签署共建生命科学人才培养基地协议，时任副校长程艺和上海生命科学研究院院长裴钢分别代表双方在协议书上签字。

12月1日，中科院生命科学与生物技术局在中科大召开结构基因组学发展战略研讨会。

2001年

11月14日，"结构生物学开放实验室"更名为"中国科学院结构生物学重点实验室"。

是年，生命科学学院免疫学研究所成立，田志刚任所长。

2002年

1月18日，教育部公布全国高校重点学科评审结果，19个学科进入国家重点学科行列，包括生命科学学院的生物化学与分子生物学、生物物理学两个学科。

7月19日，中科大获准建立国家生命科学与技术人才培养基地。

2003年

1月，生命科学学院分子医学实验室获准成为安徽省重点实验室。

6月，中科大朱清时、李尚志、汤洪高、王水、施蕴渝、钱逸泰、何多慧7人当选为第五届国务院学位委员会学科评议组成员。

2004年

2月24日，学校聘请林其谁院士为生命科学学院院长。时任执行院长为牛立文。

9月，生命科学学院教学科研楼落成，总建筑面积3.3万平方米。

2005年

9月，生命科学学院与中科院上海生命科学研究院联合组建系统生物学系。中科院上海生命科学研究院吴家睿副院长任系主任，生命科学学院刘海燕任常务副主任。

是年，生命科学学院成立“中国科学技术大学生物医学伦理委员会”和“中国科学技术大学动物使用和管理委员会”。

2006年

3月26日，温龙平实验室在《Nature Biotechnology》上发表论文。这是中科大生命科学学院作为第一完成单位首次出现在Nature系列杂志上。

5月，生命科学学院成功主办安徽省“生命科学科普活动周”。

6月23日，美国西北大学医学院神经科教授、神经科学研究所副所长饶毅受聘为中科大生命科学学院兼职教授，并做客中科大论坛，为全校师生做了题为“科学研究的动力”的报告。

7月15日，生命科学学院系统生物学系举办定量生物学研究方法研讨会。

7月15日—8月5日，生命科学学院成功主办“2006年全国结构生物学研究生暑期学校”。

7月，中科大生命科学学院与中科院广州生物医药与健康研究所联合组建了生命科学学院医药生物技术系，中科院广州生物医药与健康研究院院长陈凌任系主任。

9月23—24日，中国免疫学杂志第九届学术讨论会在生命科学学院免疫研究所召开。

10月27—28日，生命科学学院成功主办2006年中法结构基因组学和结构蛋白质组学研讨会。

12月，生命科学学院“生物医药工程技术研究中心”(含“生物技术药物GMP中试基地”)向安徽省申报成立“安徽省生物医药工程技术研究中心(筹)”。

是年，《Nature》刊载了以生命科学学院二年级本科生刘可为第一作者的科研论文。

2007年

3月，“安徽省生物医药工程技术研究中心”获得了国家建筑质量监督检验中心的GMP标准检验认证。

5月7—8日，由中科大生命科学学院与中科院上海神经科学研究所联合主办、中科大生命学院承办的“中科大-上海神经科学研究所联合学术报告会(2007 USTC-ION Symposium on Frontier in Neuroscience)”在合肥举办。

5月14日，吴家睿获中科院“全院办校、所系结合”工作优秀个人荣誉称号。

6月23日，安徽省分子医学重点实验室被安徽省科技厅评为优秀重点实验室。

7月，田志刚荣获“中国科学院优秀研究生导师”奖。

8月，施蕴渝荣获“第三届高等学校国家级教学名师”奖。

8月29日，生命科学学院生物学科获批为国家级一级学科重点学科。

9月，“安徽省生物医药工程技术研究中心”(含“生物技术药物GMP中试基地”)获安徽省教育厅和科技厅批准成立。

9月10日，牛立文获安徽省“全省模范教师”称号。

10月，生命科学学院主办的《Cellular & Molecular Immunology》杂志被

SCI 收录。

12 月 12 日，由中科大、山东大学完成的“肝脏天然免疫应答及其肝脏损伤和再生的细胞与分子机制”获“中华医学科技一等奖”。

是年底，生命科学学院的实验教学中心入选国家级实验教学示范中心。

2008 年

1 月 17 日，生命科学学院与安徽升金湖国家级自然保护区联合建立“湿地生态和生物多样性野外教学实习基地”在池州市大渡口镇签约并挂牌。

2 月 28 日，生物学专业获批为教育部第五批“国家理科基础科学研究和教学人才培养基地”。

6 月 9—10 日，生命科学学院举办“2008 中国科学技术大学-西澳大利亚大学联合生命科学学术报告会”，常务副校长侯建国院士和西澳大利亚大学校长艾伦・罗伯森出席开幕式并致辞，2005 年诺贝尔奖获得者巴瑞・马歇尔和施蕴渝院士主持学术报告会。

8 月 28—31 日，首届“中国生命科学公共平台管理与发展研讨会”在中科大成功举行。这次会议由中科大生命科学实验中心发起，共有 35 家国内著名高校和中科院相关研究所参加。

9 月 13—14 日，生命科学学院承办的“第十一届全国生命科学学院院长联席会”在安徽省合肥市召开。

9 月 14 日，著名生物学家、中科大首任生物物理系主任贝时璋先生塑像在学校落成。

2009 年

1 月 9 日，2008 年度国家科学技术奖励大会在北京召开，田志刚主持完成的“介导肝脏损伤与再生的天然免疫识别及其调控机制”项目获得“国家自然科学二等奖”。

6 月 25—26 日，生命科学学院主办的生物大分子核磁共振国际研讨会在中科大召开。

9 月，中科大滕脉坤、刘海燕、沈显生的“生物工程与生物技术专业创新性人才和实践能力培养的探索与实践”获得 2009 年“第六届高等教育国家级教学成果二等奖”。

9 月 12—13 日，脑功能和脑疾病重点实验室通过中科院 2009 新建院重点实验室综合评审。

10月15—16日，由“六省一市”生物化学与分子生物学会共同主办，安徽省生物化学与分子生物学会和中科大生命科学学院承办的“华东六省一市生物化学与分子生物学会——2009年学术交流会”在合肥成功举办。

10月19—23日，第三世界科学院在南非德班市国际会议中心召开了第二十届院士大会暨该院第十一次学术大会，施蕴渝当选“第三世界科学院院士”。

11月20—21日，由中国免疫学会基础免疫学专业委员会主办，中科大免疫学研究所承办的“中国免疫学会基础免疫学学术交流会”在中科大召开。

12月19日，安徽省细胞生物学会在生命科学学院举办了“2009安徽省细胞生物学学术交流会”。学会理事长刘兢、副理事长史庆华等出席了开幕式。

12月，由吴家睿、刘海燕、滕脉坤和周丛照等指导，由生命科学学院学生参与的两支赛队分别在2009年国际遗传工程机器(iGEM)竞赛上获得金奖。

2010年

4月23日，中科院脑功能和脑疾病重点实验室揭牌仪式暨第一届学术委员会第一次会议在生命科学学院举行。

6月19日，脑功能与疾病研讨会在生命科学学院举行。

10月12日，周丛照担任首席科学家的科技部重大研究计划项目“蛋白质修饰、转运和氧化还原的结构生物学基础”顺利结题。

10月27日，1991年诺贝尔生理学和医学奖得主Erwin Neher教授来中科大访问，并做题为“神经科学研究的前沿课题”的报告。

10月，生命科学学院新一届行政和业务管理机构组建完成，田志刚任院长、滕脉坤、周江宁、周丛照任副院长，滕脉坤任生命科学学院党总支书记。

11月12—16日，第一届CMI国际免疫学学术交流会在生命科学学院举办。

11月19—21日，第二届细胞动力学和化学生物学国际研讨会在生命科学学院召开。

12月11号，安徽省生物工程学会第三届会员代表大会暨学术会议在中科大生命科学学院召开。

12月16日，由田志刚参与完成的“人体免疫应答影响乙型肝炎临床转归及抗病毒疗效的研究”获得“中华医学科技一等奖”。

12月31日，滕脉坤主持完成的“蛇毒蛋白的结构生物学研究”项目获“安徽省科学技术二等奖”。

12月31日，刘兢主持完成的“肿瘤标记物P185/Erbb2靶向的抗体诊断与治疗药物的研制与开发”项目获“安徽省科学技术三等奖”。

是年，施蕴渝荣获"中国科学院优秀研究生指导教师"称号。

2011年

3月23—24日，中科大-法国国家科学研究中心联合学术会议在生命科学学院举行。

5月1日，据ESI(Essential Science Indicators，基本科学指标数据库)最新排名，中科大"临床医学"学科排名进入ESI前1%。

8月4—7日，生命科学学院听觉研究实验室与香港理工大学在珠海共同主办了2011年国际听觉科学研讨会。

9月，由生命科学学院负责组织的中科大iGEM代表队2011年继续参加了国际遗传工程机器竞赛，获得1项金奖和1项铜奖。中科大是当时国内获得金牌和奖牌数最多的高校。

12月7日，中科大召开人事人才工作会议，生命科学学院被授予"高层次人才引进先进单位"称号。

12月23日，田志刚、孙汭、魏海明的"人体免疫应答影响乙型肝炎临床转归及抗病毒疗效的研究"项目获"国家科技进步二等奖"。

是年，生命科学学院的生态学获得一级学科博士学位授权点。

2012年

3月13日，中科大-安徽省立医院全面战略合作框架协议签字仪式在北京举行。

4月16日，英国《Nature》出版集团的《Scientific Reports》在线发表了中科院脑功能与脑疾病重点实验室周逸峰研究组的研究成果。

4月17日，英国《Nature》杂志子刊《Nature Communications》在线发表滕脉坤、姚雪彪研究组的研究成果。

5月，中科大与生物相关的"环境/生态学"(Environment/Ecology)学科排名进入ESI前1%；由中科大和安徽省立医院联合成立的"中国科学技术大学医学中心"正式成立。

7月1日，牛立文为首席科学家的科技部"蛋白质研究"重大研究计划项目"蛋白质生命周期过程及调控的分子机制"启动大会暨全体骨干会议在合肥召开。

8月26—27日，中科大神经学与生物物理交叉学科国际科学咨询委员会在生命科学学院召开第一次会议。

9 月 7—12 日，第五届郭可信电子显微学和晶体学暑期学校暨冷冻电镜三维分子成像国际研讨会在中科大举办。

11 月 15—18 日，第三届细胞动力学和化学生物学国际研讨会在生命科学学院举行。

11 月 28 日，国家自然科学基金重大研究计划“非可控性炎症恶性转化的调控网络及其分子机制”2012 年度学术交流会在中科大召开。

12 月 1—2 日，第三届 CMI 免疫学研讨会在生命科学学院召开。

12 月 3 日，田志刚主持的国家重大研究计划项目“肝脏造血免疫组织发育分化的分子调控”实施研讨会召开。

是年，由田志刚、温龙平担任首席科学家的重大研究计划项目、由薛天担任首席科学家的重大科学研究计划青年科学家专题项目获得批准；由牛立文担任首席科学家的国家重大科学研究计划项目正式启动；周江宁、毕国强参与中科院脑功能联结图谱研究计划战略先导专项并分别担任项目负责人；蔡刚、周荣斌获 2012 年度国家基金委优秀青年基金项目支持。生命科学学院获科技部重大研究计划首席项目 1 项、科技部各类项目课题 29 项、国家自然科学基金各类项目 34 项、中科院先导战略项目 2 项、教育部项目 10 项。

是年，生命科学学院主办的《Cellular & Molecular Immunology》杂志荣获中国科协“优秀国际科技期刊奖”和 2012 年“中国最具国际影响期刊”称号。

2013 年

2 月 28 日，德国《Angewandte Chemie International Edition》杂志在线发表生命科学学院和合肥微尺度物质科学国家实验室田长麟、生物物理研究所王江云及龚为民合作研究成果：发展了新型非天然氨基酸，并应用这种 F19 同位素标记的非天然氨基酸和固体核磁共振方法实现了蛋白质酪氨酸磷酸化的定性和定量检测。

2 月，英国 Nature 杂志子刊《Nature Communications》发表生命科学学院吴缅、梅一德教研究组研究成果，该成果揭示了肿瘤重要抑制蛋白 ARF 在体内被调控的一种新机制。

3 月 10 日，国家重大科学研究计划“纳米材料调控自噬的机制、安全性及在肿瘤诊疗中的应用研究”项目启动会隆重召开。

3 月 15—16 日，第五届 SEPTIN 国际研讨会在生命科学学院召开。

5 月 24—29 日，全国“基础学科拔尖学生培养试验计划”生物学阶段总结研讨会在中科大召开。

6 月 2 日，生命科学学院举办了第六届生命科学学术年会。

6月，美国《The Journal of Immunology》杂志发表了周荣斌、江维研究组、田志刚研究组与瑞士洛桑大学Jurg Tschopp研究组的合作研究成果，他们的研究揭示了Omega-3脂肪酸抑制炎症和缓解Ⅱ型糖尿病的新机制。

6月17—19日，第四届CMI免疫学研讨会在中科大召开。

7月6—11日，中科大生命科学大讲堂——结构生物学暑期学校暨学术讨论会举行。

10月12—14日，第四届全国跨学科蛋白质研究学术讨论会在合肥成功召开。

10月24—25日，由生命科学学院主办的首届金黄色葡萄球菌全国研讨会在中科大召开。

10月28日，国家自然科学基金委员会"天然免疫系统与重大疾病的发生发展"创新研究群体在北京顺利结题。

11月10日，第六届谈家桢奖颁奖典礼在生命科学学院举行。

11月21日，中科大"生命科学导论"视频公开课入选教育部第四批"精品视频公开课"名单。

2014年

3月20日，薛天获美国"人类前沿科学计划"资助。

4月12—13日，第八届全国核糖核酸(RNA)学术讨论会在合肥胜利召开。

4月20日，以张智为首席科学家的国家重点基础研究发展计划("973计划")青年科学家专题"表观遗传调控的中央杏仁核GABA神经环路与慢性神经痛"项目启动会召开。

5月9日，《Cell Research》杂志在线发表生命科学学院蔡刚研究组最新研究成果，该组首次破解了"转录中央控制器"——中介体的模块化结构。

7月22日，英国《Nucleic Acid Research》杂志在线发表生命科学学院滕脉坤和李旭研究组的最新研究成果，该研究在国际上首次报道了大肠杆菌DNA损伤修复过程中重要组件引发体蛋白DanT与单链DNA之间的相互识别分子机制。

11月13—16日，第一届美国细胞生物学会中国会议暨第四届细胞动力学和化学生物学国际研讨会在生命科学学院召开。

11月18—19日，由中科大承办的以"纳米技术与癌症干细胞靶向治疗"为主题的第511次香山科学会议在北京成功召开。

10月17—20日，由中科院北京基因组研究所和中科大主办，中国遗传学会基因组学分会、《Genomics Proreomics&Bioinformatics》杂志社和Lucidusbio

生物公司承办的2014年“下一代测序”(NGS)专题讨论会在合肥顺利举行。

11月22—23日，第三届中科院天然免疫与慢性疾病重点实验室学术研讨会在生命科学学院召开。

2015年

1月14日，田志刚荣获中科大2014年度“杰出研究校长奖”。

1月16日，中科大生命科学学院、中科院天然免疫与慢性疾病重点实验室及合肥微尺度国家实验室(筹)周荣斌研究组、田志刚研究组与北京蛋白质组中心丁琛研究组合作，在NLRP3炎症小体调控机制研究方面取得重要突破，成果发表在国际顶级学术期刊《Cell》上。

2月，中科大党政联席会议研究决定，张明杰院士兼任生命科学学院院长。

6月17—19日，由英国《Nature》杂志子刊《Nature Immunology》与中科大生命科学学院主办的《Cellular & Molecular Immunology》杂志联合主办的第一届NI-CMI免疫学国际研讨会在合肥召开。

7月6日，英国《Nature》杂志子刊《Scientific Reports》发表肖卫华研究组和兆科药业(合肥)有限公司合作的研究成果。他们利用酵母表达系统成功开发了一种治疗血栓的蛇毒蛋白药物的高效重组制备方法。

7月25—26日，生命科学学院召开国际咨询委员会第一次会议。

7月27日，美国《Proceedings of the National Academy of Sciences of the United States of America》(PNAS)杂志发表中科大生命科学学院单革实验室研究成果，他们发明了一种新的筛选方法，可以筛选出能特异针对具有细微改变(比如单氨基酸残基突变)蛋白质的核酸(RNA)适配体。

8月4日，第八届中国生命科学公共平台管理与发展研讨会在生命科学学院召开。

9月26日，生命科学学院毕国强任项目负责人的中科院战略性先导科技专项“脑功能联结图谱计划”脑功能联结图谱研究关键先导技术项目，在中科大召开2015年度总结研讨会。

10月30日，由生命科学学院主办，中科院脑功能和脑疾病重点实验室承办的第二届生命科学论坛召开。

11月1—3日，生命科学学院举行第一届高端论文研讨会，知名校友(83少/8308)、《Cell Research》杂志常务副主编李党生研究员参加研讨会。

11月4日，田志刚荣获“何梁何利基金科学与技术进步奖”。

12月9日，生命科学学院召开教学经验交流与教师培训会议。

12月15日，申勇获全国阿尔茨海默病防治科学人物奖。颁奖大会在人民大会堂召开。

2016 年

1 月 11 日，周荣斌荣获中科大 2015 年度“杰出研究校长奖”。

1 月 7—19 日，生命科学学院举办第十一届科研战略研讨会。

6 月 3—12 日，生命科学学院举行第一届杰出论文研究奖颁奖典礼。

6 月 13 日，中科大与中国医学科学院北京协和医学院签署战略合作框架协议。

6 月 14—17 日，第四届全国生物物理化学会议在合肥召开。会议由生命科学学院承办。

7 月 22—24 日，第五届全国生物化学与分子生物学教学研讨会在合肥召开。

7 月 31—8 月 3 日，第四届“高校细胞生物学前沿技术及基础实验示范骨干教师研修班”在生命科学学院举办。

8 月 2—4 日，生命科学学院举办第五届全国免疫学博士生论坛。

9 月 11 日，生命科学学院结构生物学科发展研讨会召开。

9 月 24 日，安徽省生物工程学会 2016 年生物技术高峰论坛在中科大先进技术研究院举行。

9 月 27 日，中科大医学中心分别与安徽医科大学第一附属医院、安徽省立医院签订共建“肿瘤免疫治疗研究所/中心”合作框架协议。

10 月 15—17 日，生命科学学院与脑资源库暨神经退行性疾病研究中心主办的第一期国际阿尔茨海默病高峰论坛在合肥举行。

10 月 27—31 日，中科大 2016iGEM 代表队在国际遗传工程机器大赛中荣获一金一银。

11 月 3—7 日，“第五届细胞动力学和化学生物学国际研讨会暨第二届美国细胞生物学会中国会议”在中科大生命科学学院召开。

11 月 4—7 日，第十一届全国免疫学学术大会在合肥召开。

2017 年

1 月 10 日，生命科学学院首次颁发新创职业发展奖和学院学术成果奖。张华凤和周荣斌获得 2016 年新创学术职业发展奖，单革团队和姚雪彪团队获得 2016 年度学院学术成果奖。

3 月 27—28 日，合肥微尺度物质国家实验室和生命科学学院举办的生物磁共振学术会议在生命科学学院举办。

5 月 15—16 日，全国“英才计划”生物学科工作委员会在生命科学学院召开。

5 月 18—21 日，中科大首届“墨子论坛——生命科学分论坛”顺利举行。

9 月，生物学入选国家“双一流”学科建设名单。

9 月 22—24 日，2017 年 RNA 结构生物学研讨会在生命科学学院顺利召开。

10 月 27—29 日，由华东地区生物化学与分子生物学学会联席会议主办，安徽省生物化学与分子生物学学会、中科大生命科学学院承办的华东地区生物化学与分子生物学学会 2017 年学术交流会暨华东地区生物化学与分子生物学学会联席会议在合肥召开。

11 月 9—13 日，中科大 iGEM 团队——实验队与软件队，在波士顿 Hynes Convention Center 举办的国际遗传工程机器竞赛中再创佳绩，其中中科大软件队获得了金牌，实验队获得了银牌以及最佳新应用奖提名。

11 月 27 日，田志刚当选为中国工程院院士。

12 月 1 日，蔡刚课题组与南京农业大学王伟武课题组合作，首次揭示了 ATR-ATRIP 复合体的近原子分辨率结构，揭示了 ATR 激酶活化的分子机制，该成果发表在《Science》杂志上。

12 月 23 日，中科大生命科学与医学部揭牌成立，安徽省立医院成为中科大附属第一医院。

12 月 28 日，教育部学位与研究生教育发展中心公布全国第四轮学科评估结果。全国共有 161 所高校的生物学学科参评，中科大生物学一级学科获评全国 A 类，A 类为全国前 2%—5%，排名继北京大学、清华大学和上海交通大学之后并列全国第四名；共有 100 所高校的生态学学科参评，中科大生态学一级学科获评全国 B+类，B+为全国前 10%—20%。

后　记

从1958年生物物理系的诞生至2018年生命科学与医学部的创建，中科大的生命科学已经历60年的风风雨雨。为记取历史、弘扬传统、凝练精神、传承文化，经中科大生命科学学院组织，在中国科学技术大学新创校友基金会的资助下，我们查阅大量档案文献，访谈众多亲历者，编写了这本书。

本书的正文由熊卫民撰写。

附录1、3、5、6、7、8、9、10、11均由中科大生命科学学院提供。李旭副教授付出了很多心血，薛天院长、魏海明书记、潘文宇主任、丁丽俐副书记、张达人教授等做了大量的协调工作，中科大科技史与科技考古系高习习同学做了录入、整理工作。

附录2由中科大科技史与科技考古系姚琴同学编写。

附录4采自档案。

附录12由中科大科技史与科技考古系刘锐副研究员撰写，张志辉教授、熊卫民教授审定。

在本书的编撰过程中，姚琴、刘锐收集整理了大量档案材料，中科大前副校长辛厚文教授，中科大生命科学人刘兢教授、寿天德教授、庄鼎研究员、王大成院士、王溪松先生、徐洵院士、沈俊贤研究员、丁丽俐副教授、王志珍院士、施蕴渝院士、蔡智旭副教授、雷少琼副教授、滕脉坤教授、王贵海研究员、周丛照教授、薛天教授、胡兵教授、朱学良研究员、周逸峰研究员、蒋澄宇教授、牛立文教授、陈霖院士、姚雪彪教授、陈惠然高级工程师、陈润生院士，以及哈佛大学的姚蜀平女士、生物物理所的龙新华先生等人接受了我们的访谈，寿天德教授、滕脉坤教授、陈惠然高级工程师、施蕴渝院士、徐耀忠教授、王溪松先生更是随时通过电话为编者答疑。

中科大生命科学学院魏海明书记、施蕴渝院士、滕脉坤教授、薛天院长等审读了书稿并提出了修改意见，在此一并致谢。

限于编者水平，疏漏之处在所难免，敬请中科大广大师生员工、校友和广大读者批评指正。

熊卫民

2018年7月22日